时间塔
Tower of Time

ネンドノカンド - 脱力デザイン論

佐藤大的设计减法

[日] 佐藤大 著 / 盛洋 译

U0301775

华中科技大学出版社
http://www.hustp.com
中国·武汉

图书在版编目（CIP）数据

佐藤大的设计减法 / [日] 佐藤大 著；盛洋 译. —武汉：华中科技大学出版社，2017.4
（时间塔·世界著名设计师丛书）
ISBN 978-7-5680-1003-0

Ⅰ.① 佐… Ⅱ.① 佐…② 盛… Ⅲ.① 产品设计–研究–日本 Ⅳ.① TB472

中国版本图书馆CIP数据核字（2017）第006470号

NENDO NO KANDO -DATSURYOKU DESIGN RON
by Oki SATO
©2012 nendo
All rights reserved.
Original Japanese edition published by SHOGAKUKAN.
Chinese translation rights in China (excluding Hong Kong, Macao and Taiwan)
arranged with SHOGAKUKAN through Shanghai Viz Communication Inc.
本书简体中文版由日本小学馆授权华中科技大学出版社在中华人民共和国境内（但不含香港、
澳门、台湾地区）独家出版、发行。
湖北省版权局著作权合同登记 图字：17-2016-480号

佐藤大的设计减法
ZUOTENGDA DE SHEJI JIANFA

[日] 佐藤 大 著
盛洋 译

出版发行：华中科技大学出版社（中国·武汉）　　　电话：（027）81321913
　　　　　武汉市东湖新技术开发区华工科技园　　　邮编：430223

责任编辑：赵　萌　　　　　　　　　　　　　　　版式设计：赵　娜
责任校对：王丽丽　　　　　　　　　　　　　　　责任监印：朱　玢

印　　刷：北京文昌阁彩色印刷有限责任公司
开　　本：787 mm×996 mm　1/16
印　　张：10.5
字　　数：159千字
版　　次：2019年6月第1版 第3次印刷
印　　数：7001~10300册
定　　价：68.00 元

投稿邮箱：heq@hustp.com
本书若有印装质量问题，请向出版社营销中心调换
全国免费服务热线：400-6679-118 竭诚为您服务
版权所有　侵权必究

目 录

源于自由的 21 世纪设计

我所从事的工作是"设计"。我在日本东京下目黑一栋脏兮兮的大楼里有一间名为"nendo"的小型设计事务所，我本人也是一名"设计师"。说到设计师，有室内设计师、时装设计师、产品设计师等。不过我可没有"××设计师"这样的头衔，仅仅就是"设计师"而已。

上大学的时候，我学的是建筑设计。偶然受朋友邀请，在毕业旅行时去了米兰家具展，才发现那里的一切都超乎自己的想象。建筑师设计起了日常用品，平面设计师参与了车内空间的设计……与头衔什么的完全不相干。

我也曾花了 6 年的时间钻研某个特定领域的设计，但世界领域却在进行一场"异种格斗技"。况且与日本不同，这里的设计是开放的。在米兰，整个城市都被卷入这场设计风潮之中，普通人也会拖家带口来观展，和明星设计师轻松地聊上几句。总之在这里，与设计相关的每一个人似乎都在闪闪发光。我当时就暗下决心：如果日本迎来了这样的一天，我也要自由自在地设计作品。受此启发，我和当时随行的朋友共同成立了 nendo。

但我很快意识到，自己连个办公场所都没有。我首先想到了附近的家庭式餐厅，于是常常到高田马场的 Jonathan 餐厅点上一份 350 日元的饮料，然后从早到晚只管在里头待着。不久之后，我在老家车库里搭了个木架子，开始在那儿工作。当然，下水道、煤气、通风调温设备之类的通通没有。冬天很冷的时候，我会把笔记本电脑放到膝盖上、把脚搁在电源适配器上取暖。夏天则几乎是蒸桑拿。到了晚上，壁虎、爬虫还会迎着显示屏的亮光聚集过来。每到收集厨余垃圾的早晨，空气里总会弥漫着一股腐烂的酸臭味。如今写着这些，还不免觉得很惊悚，但奇怪的是，那时候的自己竟毫不在意。

正如事务所的名字"nendo"（意为黏土，具有柔软、灵活、可塑性强等特点）一样，我们总是用自由灵活的方式在各种领域进行设计。不过其中也有一些略显不同的项目，这里且举一例。

这是个名为"妖怪不倒翁"的项目，以漫画《鬼太郎》里的人物为主，将 130 种妖怪做成不倒翁的模样。这部漫画作品的作者水木茂出生于鸟取县境港市，那里不仅有一条"水木茂路"，就连"妖怪"也成了该地域振兴的关键。在过去的 15 年间，当地人默默贡献着自己的力量，最终令这个原本无人问津的地方变成了热门观光地，每年都会迎来约 160 万游客。话虽如此，仍有一大堆问题尚未解决。为了支持境港市的发展，于是就有了这个项目。

但若是大量投入资金建造大规模的建筑，实在有些本末倒置；相比之下，尽可能细水长流地持续支持当地的建设，反而会更好。因此，我们决定设计一些能够在街头贩卖的小商品。

如果说妖怪是日本漫画文化的原点，而不倒翁又被视为"人偶"文化的肇始，那么可以尝试利用不倒翁的形式来呈现妖怪。这个想法一经提出，就立即得到采纳，项目也进行得非常顺畅。同时，由于成立了"妖怪基金"，不仅援助团体活跃了起来，资金调配也得以实现。整个项目由水木茂监督指导，nendo 负责设计，工匠进行制作，最后所有产品交由 IDEA 公司进行销售。

仅仅 8 cm 高的小小不倒翁，就凝聚了这么多人的创意与热情。当然这还远远比不上当初参观的米兰家具展，却已经开始让参与者们闪闪发光。可以预想到，这会是一个非常精彩的项目。

更多信息：IDEA International, www.idea-in.com

目玉おやじ	鬼太郎	ねずみ男	猫娘	子泣き爺	砂かけ婆	一反木綿	ぬりかべ	ぬらりひょん	死神
一つ目小僧	釣瓶落とし	袖引き小僧	目目連	寒戸の婆	生剥	算盤小僧	つらら女	田の神	石見の牛鬼
狸	うわん	網切	手長足長	夜行さん	すねこすり	九尾の狐	山獺	あやかし	手の目
百々爺	閻魔大王	針女	ろくろくび	山赤子	木魚達磨	板鬼	輪入道	水の神	岩魚坊主
鎌鼬	方相氏	豆狸	べとべとさん	龍	わいら	ガラッパ	雪外鏡	土ころび	化け草履
河童	蟹坊主	ナンジャモンジャ	豆腐小僧	口裂け女	風の三郎様	達磨	川赤子	百目	烏天狗
細手	コケカキイキイ	麒麟獅子と猩猩	竹切狸	獏	さがり	不知火	ひょうとく	家鳴り	雷獣
やまびこ	座敷童子	油すまし	松の精霊	海女房	黒仏	貧乏神	酒呑童子	猯々	木の葉天狗
おさん狐	濡れ女	枕返し	金霊	大元神	一本だたら	たんころりん	さざえ鬼	大かむろ	コロポックル
朱の盆	バックベアード	雨ふり小僧	お歯黒べったり	あかなめ	琵琶牧々	ぬっぺっぽう	鍛冶媼	シーサー	せこ
精蝛蛄	異獣	キジムナー	海坊主	川獺	すっぽんの幽霊	浪小僧	狸囃子	カシャボ	山童
辻神	傘化け	がしゃどくろ	提灯小僧	青女房	小豆はかり	小豆洗い	天井なめ	覚	貪ぼっこ
トイレの花子さん	茂林寺の釜	荒鬼	丸毛	白うねり	川猿	毛羽毛現	白坊主	見上げ入道	夜雀

© 水木プロ

妖怪不倒翁

"筛选"创意的建议

常言道，穷人无闲暇。虽说我们不过是个只有9人的小微企业，却常常同时运作来自国内外约40家公司的80多个项目。"要想出那么多设计方案，一定很辛苦吧？"常有人这么问我。事实上并非如此。对我来说，创意不会突然从天而降，也不是坐在会议室里绞尽脑汁就能想出来的东西。它与平时那种刻意"伸长天线"式的搜索有所不同，非要做个比喻的话，最贴切的大概就是过滤器了。

整个人就像是一台过滤器。日常生活中，有各种各样能够贯穿全身的东西，像空气、水之类。但过滤器可以卡出其中微小的差异或不协调之处，并将它转变为设计素材。进一步说，这个异物越小越好。它可以非常新颖，非常有趣。总之，要绝无仅有。

一旦那些细微之物被融为一体，设计就成形了。所以在我看来，"清理过滤器＝设计"。

有了定期的清理，就可以更轻松地筛选创意。而为了让自己像过滤器那样筛选出各种各样的东西，最有效的还是"尽力"参与。这样做是为了避免盲目中断一切"自然而然的事情"，要知道，有时候好的创意正来自其中。

"尽力"之后，抛开固有观念的大脑变成一片空白，此时过滤器就可以开始运作了。不过要注意，这种方法适用与否因人而异。

像拥有艺术气质或个性鲜明的人，就很可能不适用。但普通人就不同了。正因为有着一般感觉，所以能够注意到仅有的微小差异。

这么说似乎还是抽象了些，我们举个具体的例子吧！

我有时会在工作间隙喝一杯红茶。放入大把的砂糖，再用勺子搅拌，不知怎么就卡住了……（笑）大概是由于茶包、马克杯、砂糖、勺子之间的关联性吧……反正有什么被卡住了。此时仔细解开这些要素，就可以发现多种解决方案。

用砂糖做勺子会不会很有趣？这是不是意味着勺子本身成了装糖的容器？可不可以把砂糖一并放在茶包里？在思维的发散中，我们设计出了一款名为"peel"的杯子。

倒热水的时候很容易把茶包的线带入杯中；茶泡好后取出的茶包无处可放；最好有一个挡住茶汤热气的盖子……为了解决问题、满足需求，我们考虑将部分杯壁向外伸出，而伸出的部分恰好可以用来系茶包线；杯盖也不会因杯中的勺子而晃动，反而还能在上面放置茶点、勺子或用完的茶包。而且这样一来，杯子还可以实现堆叠收纳。可以说，正是用心整合了一个个小创意，才有了最终的设计作品。

想来茶包也是一种过滤器：茶的魅力可以从中一点一点渗出，饮茶之人也慢慢放松下来，心中泛起阵阵暖意。

更多信息：www.ceramic-japan.co.jp

看到都灵冬季奥运会上荒川静香的下腰跑步就想到这个啦！

不是吧。

因为自己手指长了倒刺。

也不是吧。

撰稿人　编辑

累到不行还要适当解释设计
理念的设计师

2010.03

peel

持续设计之美

任何事情，即便前一天还与你无关，但从被委托的那一刻起，它便成了你的分内事。

如果委托方是拉面店的老板，那么你就得想办法做出一间人气美食铺；如果是业界老二，那么无论如何也要助它争得第一；如果是业界首屈一指的龙头企业，那么就尽量使它与后方队伍拉开差距……总之，必须将委托人的需求视为己任。

在一些长期而持续的项目中，就更应如此。你需要考虑方方面面的问题，甚至你失眠的频率也会因此而增加。像我的睡眠时间的减少，一大部分原因就是接到了除臭芳香剂的制造商 ST 公司的设计委托。（笑）

70 多岁的铃木社长看起来比我还精神，他力挽狂澜，将百年一遇的困境视为"百年一遇的机会"，面对价格竞争相当激烈的快消行业，提出"涨价必先优质"的理念，甚至打出了"设计革命"的口号。于是，在一直以来与设计无缘的快消行业，设计终于有了一席之地，而日常生活中的设计意识也由此得到了增强。

我最先拿到的设计委托是对一款自动除臭喷雾 shupatto 进行优化。这是一种使用电池、可以定期喷雾的产品。不过，我们设计的不只是产品。从包装设计到广告制作，甚至媒体发布会的会场布置，统统由 nendo 负责，而这也是我们事务所的特色之一。在原产品的基础之上，我们改进了每一个部分，精简了 25%，最终成功地把成本降了下来。

一般说到设计师，无论是设计住宅还是家电，总给人一种要价过高的印象，所以附送一些设计内容也实属无奈之举。

但若刨根问底，设计绝不是一件简单的事情。从设计理念到成品，对个人来说有着非凡的意义。为了消除让部分女性消费者避而远之的机械感，设计中甚至要考虑到表面质感和背面螺丝这些细节。我不确定这样做到底有几分效果，但经此设计后的销售形势确实一片大好。而借此契机，设计也被摆在了主要位置上，开始持续介入并主导其他品牌的运作。

而我们要做的，不仅是研究店铺、做集体访谈，而且是与公司设计师、产品开发与营销部门的员工一起，日日把"10年后的ST"挂在心头，为公司做长远的打算。当然，也要不时地参与一些产品的设计。

我们还会根据营销部门的反馈随时调整设计方案。不过即便没有人提出要求，我们也会给出一些新的方案。如果是单个项目的话，我们就很难做到这样。虽然我们会努力在短时间内做出一个方案——这就像棒球中的代打，一开始发球不够有力的话，就难以给人留下什么好印象——但要设计出中长期有效的方案，我们就得进行各种各样的尝试。这些方案往往从实际情况出发，有时也可能无须设计。总之，能做的事情太多，时间总是不够用。

虽然10年后的景象不得而知，但在今天，我们仍会一如既往地为ST公司的发展出一份力。

更多信息：ST, www.st-c.co.jp

照片：HAYASHI Masayuki

shupatto!

突破口是"站到椅子上来看"

由于父亲工作的原因，我在加拿大出生，10 岁之前都过着无忧无虑的日子。我是四兄弟中的老二，位次不错，有哥哥在前头为我遮风挡雨；而我只需站在他的背后，悠然自在地长大。

大概在我 2 岁的时候，我和哥哥对"岩浆"这个词的发音"maguma"喜欢得不得了，不分日夜地重复着"maguma"，还会突然发笑。在旁人看来，我们就是一对让人摸不着头脑的兄弟。在没有哥哥保护的时候，我常会一个人跑去附近的树林里，默默剥着白桦树的树皮。至于为什么会做那样的事，我到现在也想不明白。大概是太闲了吧，一定是的。总之，最后那个林子里的白桦树，通通变成了普通的黑色树木，我还记得自己那时对此颇有成就感。

如今，那个深爱着"maguma"和白桦树的少年已经 30 多岁了，最近还设计了一间位于表参道的亲子咖啡馆。通常在市中心，带着婴儿的母亲很难找到一间无须担心周围环境的咖啡馆。正是这种经历，促使店主开始了这一项目。

对于没有孩子的我来说，虽说也听过一些关于亲子话题的谈话，但毕竟从未去过亲子咖啡馆之类的地方，因此从研究设计方案的一开始就感到些许不安。除了要面对"哺乳室""育婴室""游戏房"等一个个陌生的房间名字外，怎样确保婴儿车能够从走道中穿过、如何在母亲哺乳时帮助另一个宝宝打发时间、母亲给婴儿换尿布时父亲可以站哪儿等，杂七杂八的问题堆积成了山。

所谓百闻不如一见，我决定去一些与婴儿相关的场所参观学习一番。

当我透过玻璃窗向内看的时候，里面的女性也看到了，但从她们的眼神中我看得出她们仿佛把我当成了"意图不轨者"。为了消除这种不信任感，我试着笑了一下；但这一笑看起来却更像是邪笑，完全与预想的效果背道而驰。我感觉再这样下去就要被举报了，就立马飞一般地逃离了现场。那一刻，我的身份定位又从"意图不轨者"自动上升到了"变态"。

设计工作仍在有序推进，面对越来越多的细致要求，我开始晕头转向，一片茫然，完全就像在玩打鼹鼠的游戏。

这时候的突破口，就是站到椅子上来看。这并不是站在很高的位置俯瞰，而是从桌子上方更仔细地观察对象。

这就好比在画素描的时候，偶尔会眯起眼把握整体的轮廓，之后再抓重点和细节。如此这般重新审视最初的亲子概念，困难虽然依旧存在，但有趣之处也浮现了出来。

体型相差极大的一大一小两个人在使用同一个场所时，会产生物理上的差别。

换言之，在进餐时，儿童和大人的座椅是不一样的，食物会有所区别，看到某样东西时的感受也会完全不同。

即便是同一张桌子，大人看到的是桌面上方，所以会特别在意那里的东西；儿童却常常只能看到桌子底下的空间。儿童觉得四条桌腿如同建筑立柱，桌子便是一间小屋；而在大人看来，儿童专用的家具就是一件件小玩具。

于是我们以此为突破口，把室内空间的主题定为"儿童视角"和"大人视角"，即一个同时拥有极大物件和极小物件的场所。举个例子，哺乳用的沙发，往大了做，便成了儿童的游戏房，往小了设计，就可以用作尿布更换台。

大窗对小窗，大灯泡对小灯泡，就连地板材料，仔细一看也有大小之分。在母亲看不到的桌子或架子的内侧，还藏着动物题材的亲子画。

就这样，一个充满亲子元素的亲子咖啡馆诞生了。

更多信息：tokyo baby cafe, www.tokyobabycafe.com

沉默不语……

哇哇……

大人视角　　　　儿童视角

2010.04

tokyo baby cafe

似颜绘[1]大师的变形术

进入大学的第一天我就买了一支制图笔，尽管那玩意儿非常贵。我当时想着，既然学的是建筑学专业，制图时总能用得上。然而，直到课程开始，我都没用过那支制图笔。三个月过去了，半年过去了，我才意识到，自己被骗了。

没办法，我总要想想如何利用这支价格不菲的制图笔。偶然间，我在《朝日周刊》的卷末看到投稿栏"山藤章二的似颜绘教室"，便用制图笔在明信片上画了幅名人的似颜绘寄了过去，没想到第二周它就被登在了杂志上。拿到稿费的我心想，这不就是一笔打工费吗？于是，为了赚回买制图笔的钱，我开始每周都给杂志投稿。但作为建筑学专业的学生，做课题、去世界各地参观建筑、买很昂贵的专业书等，实在很费钱。所以我试着参加报酬更高的电视节目《笑一笑又何妨》中的"似颜绘大师"比赛。意外的是，我不仅晋了级，甚至还在高手如云的大奖赛上拿了优胜奖。奖金在5万日元左右，相当于现在的20万日元吧。之后，我也会定期被叫去做节目。有一次给出的似颜绘题目是SMAP的成员，那次居然一下就来了400多位报名者。但真正画了嘉宾艺人的，只有5人，连节目导演都感到诧异。所以我常想，自己是因为沉稳收敛和好说话才常常被叫来的吧。总之不管怎么说，念书的时候也上了近20次节目。只是我比较无趣，所以到最后不要说观众，就连主持人塔摩利都完全不记得我了。不过到那个时候，买制图笔的钱应该已经都赚回来了。

当时并没有觉得画似颜绘和设计有什么关系，但现在想想，并非全然如此。

所谓设计，就是一种表达。它所传达的内容可以是商品的技术特性，也可以是客户的信息。面对多种多样的表达方式，设计师每天都要思考具体选择其中哪一种。似颜绘在这一点上是与之相似的：如何将对象变形以强调其特征，其他部分则忽略不计。譬如画大鼻子的人时，鼻子可以大到充斥整个画面，而眼睛和嘴即便不画也没什么关系。如

---

1. 似颜绘，突出五官重点，形象夸张的肖像画。——译者

此这般，就完成了一张具有表现力的面孔的描绘。这样的画往往比一般的肖像画更能突出重点。

渡边教具制作所委托我设计的"corona"地球仪，恰好可以用来说明如何用这种近似变形的手法设计项目。

制作所的公司总部在埼玉县，我也曾探访那里。虽然它乍看之下只是个很常见的工厂，但与其员工交流之后我学到了很多东西。这是家了不起的公司。它已与美国国家航空航天局（NASA）签约，由 NASA 提供最新图像，这边则由工匠用像熨斗一样的镘，将地图一片片贴起来，最终做出精度十分高的地图。

为了表现地图的这种魅力，我们设计了一个黑白地球仪，将地名、国界、颜色和阴影等信息全部做了简化，唯独突出了海岸线和岛屿的轮廓。同时，我们还尽量弱化了底座的存在感，以强调球体本身的美。这种"简化和强调"之间的关系，就与似颜绘十分类似。

最终，通过一点点地改变人们对地球仪的固有观念，充分体现出渡边教具制作所产品的高精度。抱着让更多人感受到这一产品的魅力的愿望，今天我又看了一眼办公桌旁的地球仪。

更多信息：渡边教具制作所，blue-terra.jp

照片：HAYASHI Masayuki

corona

设计师友人募集中

虽然身为设计师的我这样说显得有些奇怪，但如果真要请别的设计师做些什么，确实需要一点勇气。

想象一下这样的场景：身着 Comme Des Garcons[1]、略带神经质的设计师利落地走出来，一边皱眉一边莫名其妙地写写画画，突然自言自语一句"啊，就是这种感觉吧"，转瞬又在纸上画起了抽象的草图……

假如你看到这种画面会有什么样的感觉？我怎么立刻想到了高昂的设计费……

这样的场景一定有。但说得极端些，这些设计师恐怕都是自我感觉良好、无视他人意见的人。

总有一些人是这样的（笑），但我想大部分设计师并非如此。只不过，毕竟我没有什么同行的好友，所以对此并不十分清楚。

这么说来，我也是最近才意识到，自己不只没什么同行好友，根本就没有朋友。数了数手机里的联系人，满打满算才 30 人，这里头还包括了亲戚、公司员工、理发师、牙医等人。另外还有两行字母是按不了的，应该是没有存过以此为首字母的名字吧。

话说回来，所谓设计师，其实是一种被动的职业。他们常常受到预算的限制，被日程表追着走。他们还得和客户反复讨论，了解安全性、生产能力、法律法规等各种设计条件，最终给出一条解决之道。

麻烦的是，这些条件总是在变化。

譬如，在室内施工现场试着拆除旧墙时，发现应该有的立柱竟都没有。即便当时的情况只需做些应急处理便已足够，但只要存在一丁点儿给整体设计带来不良影响的可能，整个设计就必须推翻重来。此时，过分的自我主义反而会成为阻碍。昨天认定为"白"的事情，今天就改口为"黑"，看似信口一说，其实需要有一定的决断力和灵活性。

此外，设计的最终目标，是让与项目相关的所有人都能感觉到快乐。

1.Comme Des Garcons 是日本时装品牌。

这话听着没什么特别，但真正做起来却非常困难。意大利的设计大师索特萨斯（Ettore Sottsass）曾说过："设计就如同给恋人送花。"果然是拉丁语系，日本人就说不出这样的话。不过也确实一语中的。

说起来，记得在和时装设计师三宅一生先生共同做项目时，他也有过类似的言论。

"艺术有时会给人带来痛苦，但设计到最后一定会带来喜悦。"

最近，我给三宅一生先生准备了一份新"礼物"。

这是给涩谷 Parco 大楼里一间名为"24 ISSEY MIYAKE"的时装小店做的设计。这里的商品价位十分亲民，每季都会推出近 20 种颜色的商品，商品种类的更换也十分频繁，简直就像便利店。我们负责了所有方面的设计，从店铺 LOGO、产品包装一直到室内布置。为了更好地体现商品的缤纷色彩，我们在内装上统一使用了白色。

目前，同样的设计理念已经被应用到了全国 6 家设于高岛屋百货商场的分店中，只是涩谷 Parco 的这家分店有些特别。

以往的设计中，总是用坚固的家具来做展示，这里则换成了密集的细钢棒，轻柔的衣服仿佛飘浮其上，整间店铺仿佛成了一片花田。

"商品的展示并不简单，但做得好的话，就能让人看到商品的魅力。"听到店员这番肯定的话语，看到客人惊喜的表情，我也终于稍稍安心了些。

更多信息：ISSEY MIYAKE, www.isseymiyake.co.jp

狗狗是我为数不多的朋友之一

2010.05

24 ISSEY MIYAKE

工匠的恩惠

尽管我们设计了各种各样的东西，但基本上，我们从不用亲手将它们制作完成。确切来说，我们也制作不了。

手艺人可以用自己的双手创造作品，但设计师如果不借助工匠和专业技工的力量，就无法完成最终的作品。

出于这样的原因，设计师在客户和工匠之间两头为难的情况时有发生，甚至还得拎上一瓶酒向工匠低头。我自己也曾飞去中国的工厂、意大利郊区的家具工房，拜托那边的工匠们。老实讲，我一直都不觉得设计师是什么很酷的职业。

从历史角度来看，设计师在日本算是一种"新兴职业"。在战后经济高速发展的时期，出现了大量预制式住宅。在那之前，人们在建造自家住宅时通常会直接拜托附近的工匠。住房就像日用品一样，是可以由工匠直接做出来的东西，设计的部分自然也由工匠负责，不存在设计师实属情有可原。

所以要在这个意义层面谈论设计师有多么伟大，毫不夸张地说——再过 100 年吧。

nendo 在纽约设计美术馆举办了展览。近些年来，设计师在美术馆或画廊发布作品，已经不是什么新鲜事了。

如今还有一种新的产品类型，既不是批量生产品，又算不上工艺美术品，只是由于生产数量有限，就被冠上了"限量款"或"设计艺术"之类的名字。

对设计师来说，虽然这是个限制较少且能够挑战新材料和新技术的好机会，但实际上这里面也有一些细节上的规则。例如在使用石膏或木材模型制作产品时，第一件产品总要贵很多（因为反复操作有损于模型的精度）。而且就像照片、版画作品一样，一旦生产数量超过 40 个，就不能被视为"限量生产"。这里还存在类似金融行业里的"一级市场"和"二级市场"，交易值也如同股价一样不断浮动。总之，这里的问题很复杂。

除了美术馆和画廊，还会在拍卖会和艺术节等进行交易。像布拉德·皮特每年在巴塞尔艺术节上一掷千金采购家具，已经成了名人铁事。不过在日本，这样的风潮还未兴起，所以 nendo 仍常常被误解为还在做与工艺美术相关的事情。

但不管怎样，设计师的活动领域已经有所拓展。

因此，对nendo来说，纽约的这场展览非常重要，我们也为展览设计了一些新作。于是，我们又一次拜托了日本工匠。

我们希望制作一把椅腿直径仅为 15 mm 的四条腿的椅子。做法与铅笔类似，即先用不锈钢打出直径为 9 mm 的骨架，再在外面包上 3 mm 厚的木材。工匠们需要手工打磨每个部分，各个部分的连接不能有半点偏差。有赖于他们的巧手，成品的外观竟与集成材做出来的木椅毫无二致，表面没有一丝接缝。

过去在设计木椅时，往往注重结构与视觉的平衡，也就是俗话说的功能美感。但是在这里，我们打破常规，将这二者完全分离，没想到形成了别样的魅力，连我自己都感到惊讶。

再回来说纽约的展览，从普通参观者和美术相关人士，到各路媒体，都给了比较正面的反馈。

至于这把椅子，后来又参加了米兰家具展和金泽世界工艺三年展，目前即将被送往伦敦萨奇美术馆参展。作品得到的评价也越来越高。

这样一来，我在工匠面前就越来越抬不起头了……（汗）

図片：KAWABE Yoneo

cord-chair

肠胃不好的设计师的悲剧

刚回家的妻子突然叫了一声，我担心发生了什么事，便赶到玄关，发现妻子正捂着嘴，一脸郁闷，眼睛里还含着泪。

"怎么了？"我忙问。

妻子开始发牢骚："吃了什么啊，卫生间怎么会这么臭？"

我大受打击。但，这也是事实——卫生间的臭味已经穿过走廊飘到了玄关。当然，马桶盖是盖好的，卫生间的门也关着，玄关上方还有通风空间，空气流通肯定没什么问题……

"和你吃的一样啊。"这种话不能说。

"吃了你昨天做的晚饭啊。"这种话更不能说。

"嗯？忘了清理狗狗的粪便了吗？"一瞬间连混乱的反转剧台词都冲上了头，但怎么想都觉得太牵强。

没错。我的肠胃一直都不好。

说明设计方案的时候便意袭来，不得不装作手机铃响飞出会议室……这样的事情不知发生了多少次。身上也总是备着两种药，一是立即见效的"STOPPA 止泻剂"，另一种是见效缓慢、会在几小时后从腹中排出有奇特臭味的"正露丸"（糖衣 A）。

说得好听些，这种有备无患的做法堪比宫本武藏的二刀流 [1]，为了达到极致的效果，我还试着同时服用这两种药。但现在我可一点儿都不推荐这么做——那几乎导致我便秘。

负责管理的 Ito 常常和我一起开会或出差，他也是玻璃肠胃。说白了，他就算吃根香蕉或喝碗粥，都会腹泻。方才还大谈消化酶、有益菌、有害菌之类的东西，但一杯酸奶下肚，就会立刻引发一场腹泻。还有一次在飞机即将着陆前，连扣紧安全带的指示灯都亮了起来，他竟不顾乘务员的制止冲进了卫生间。到了那种程度，他已经可以把握一

1.二刀流，使双刀的日本剑术流派。——译者

波波腹泻的周期，并做了准确的说明："应该还有 2 次，不过下一次的冲击性最强。"

听着这些，感觉自己什么忙都帮不上⋯⋯

为了把握好时间，我们常常一起坐电车出行。但实际上根本控制不了时间，常常会有一方中途下车，最后往往就变成了"在新宿站碰头吧"。

每年六七次的意大利出差之行，也是我们的一道坎。虽然已经小心翼翼地避开了芝士火腿、肉食等任何一种可以直接让我们"中弹"的食物，叫了自认为最安全的蔬菜沙拉，但最终还是倒在最上层的橄榄油上。至于粗心大意点的意式浓缩咖啡，就更不用说了。

虽然我们因此在卫生间待了不少时间，但设计除菌除臭的"virus attacker"（负离子发生器）还是最近的事。考虑到这种产品会被放置在卫生间、玄关、洗手间、走廊等病毒或细菌容易进入的狭小空间，我们将它设计得尤为小巧。

为了使喷出的负离子更加集中，喷口还被设计成了倾斜的猫腰状，这样负离子的喷出方向也能一目了然。

另外，由于存在一定的倾斜度，上面的面板可以正对着使用者。我们还做了一个圆环状的提示灯，并将环内整面都做成按钮，这样即便使用者距离稍远，也可以看清机器的开关状态；机器在地上的时候，使用者也可以用脚按下按钮，整个操作变得十分简单。

当然，我现在想的是尽快在自己家使用这种产品。而且为了以防万一，我还考虑在玄关再放上一台。希望能够改善自己在妻子心中的形象吧⋯⋯

更多信息：ST, www.st-c.co.jp

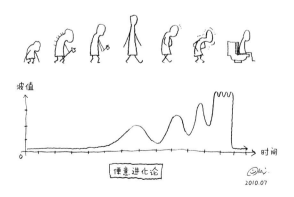

便意进化论

2010.07

照片：HAYASHI Masayuki

virus attacker

装错了按钮的设计

这是普通的一天。就在我对着电脑专心致志作图时，事务所的电话突然响了。我接到了设计精神病医院内装的委托。

第一时间出现在脑中的，是不久前在森美术馆看的展览——"医学和艺术"。中世纪的精神病医院，不仅外观如同牢笼，而且还有让电流通过人体的设备。想想"牢笼＋电椅"这种恶趣味的设计，就觉得非常可怕。

虽然我脑子里充满着这种强烈的负面印象，但还是决定先和客户碰个头。

在会议室等待的时候，我又开始想象对方的样子。突然就害怕起来了：既然每天都要诊断许多患者，那是不是能从对方的语调和眼神中把对方的所思所想看得一清二楚呢？我从不说谎（或许是还没有这样的机会），也没做过什么对不起人的事情（应该没有吧）……但还是不免有些紧张。这种紧张感，就像在马路上与警察擦肩而过时的小胆怯。

不对，等等。被看透了之后，万一还要问诊、入院，那该怎么办？虽然我完全不觉得自己有什么毛病，但要是被人当面说"你病了"，心里难免也会犯嘀咕。

就在我胡思乱想以至于腋下开始冒汗的时候，客户登场了。意外的是，对方看起来十分友善。

原来，对方虽说是精神科医生，但主要业务是为信息技术和企业外资企业提供咨询，结合中医和营养品，全面调理员工的精神健康。所以很遗憾（？），整个谈话都没有提及电椅等设备。

我们聊了很多，其中我注意到一件有趣的事情。

在我的印象中，所谓医院，就是利用治疗手段将患者的"－"（负）状态变成"0"的地方。但这位医生思考的是，如何让人的生活达到丰富而充实的"＋"（正）状态。

所以客户认为，有必要在恢复心理状态的同时，开拓新的场所。真是十分积极的愿景。

但要如何通过空间表现出这样的设想呢？何况预算和场地面积都很有限，我们也只能利用有限的材料实现向"＋"（正）状态的转变。此时，我意识到，应该避免直接对抗和逆转，而是从内部瓦解其自身的平衡。

不过，与其说"瓦解"，不如说将一枚小螺丝错位。

虽然还不至于像花样滑冰那样根据不同的动作和完成质量打分，但规则的一点点改变，常常就会让整个比赛过程大变样。将同样的道理放到设计上之后，思路瞬间变得开阔了。我们在医院中，做了一些看似整整齐齐排列在墙上却不具有实际功能的门，而在原本看似没有门的地方，加设了一些真正的门。

将手搭在画框上轻轻一拉，墙壁"啪"的一声就打开了，明亮而令人愉悦的房间就会出现在眼前；打开走廊尽头的门，映入眼帘的不是房间，而是一扇窗户，开"门"幅度的大小还能起到调节采光的作用，可谓兼具遮光帘功能。

如此这般，从一个装错了的按钮开始，连锁反应般地出现一个个不可思议的场景。整个空间就源于各种各样的奇思妙想，最终让来访者感觉到"在心中也打开了新的一扇门"。

更多信息：MD.net Clinic AKASAKA, www.md-clinic.net

2010.07

MD.net Clinic AKASAKA

香蕉和设计的保鲜度

在 nendo 事务所里，什么样的人都有。其中就有一位男员工，喜欢把香蕉放在窗边，让它成熟。植物、宠物之类的也就算了，如此悉心地照顾香蕉，让人感觉怪异。这些从附近买来的香蕉，不过是 1 串不到 100 日元的幕下[1]级别的香蕉，居然能在大约一周之后，即便算不上横纲、大关级别，也能晋升为幕内上位级别，实在很厉害。

所以毫无疑问，他的工作桌周围总有一股香蕉味。五官端正，大学毕业，又在纽约留过学——但如此光鲜的形象，也在这种异味中渐渐淡去。虽说如此，他的香蕉催熟技能还是得到了越来越多的好评，包括我自己在内的不少员工都会把这个工作委托给他。

见此情景，不禁想到，"成熟"这种词也可以用在设计上。

不过，与香蕉不同，最好不要让设计成熟。最重要的原因在于，创意是有"保鲜度"的。当然也有那种文火慢熬酝酿风味的设计，但我更喜欢像做寿司或沙拉那样，将食材物尽其用。也就是说，只是用菜刀切好，尽可能少地加入调味料，充分引出食材自身的风味。反正我肯定没办法成为那种能做出浓郁酱汁的欧洲设计师。

基于对保鲜度的重视，也考虑到在手中握久之后自己的体温会传递到食材上，制作食物时必须带有一种爆发力，寥寥数步就能将食物做好。对事务所的员工来说，高精度是当然的，但同时也要讲求速度。尽管这样的设计事务所十分罕见，但在我看来，如果能够尽早地将创意转化为实体，之后就有可能进一步挖掘创意，也有时间尝试完全不同的衍生方向。

日本设计巨匠仓俣史朗在一次采访中说道："将创意保存起来，放到以后使用，这种做法绝对行不通。每个创意都应该及时充分地利用……要是想着以后什么时候再去用，创意就会在一旁腐烂掉。"这与香蕉成熟的道理是一样的。

前些日子，机缘巧合，我和艺术总监佐野研二郎进行了一番谈话。其间他提及，花

---

1. 幕下：日本相扑力士分为 10 个等级，从高到低排列，横纲是第 1 位，即最高等级，大关仅次于横纲，幕下为第 7 位。幕内是指前 5 个级别，幕内上位是指第 5 位级别"前头"中排名靠前的 4~5 位。——译者

了很长时间反复试验的结果往往是：最初画出来的其实就是最好的。我不假思索地表示了认同。虽说不知道对不对，但我在犹豫的时候，总会习惯性地选择更早想到的那一个。也就是说，在无意识间优先考虑了鲜度更高的创意。

不久前，我设计了一个插座。当时是受 KDDI 公司的委托，制作一些手机配饰。我在自己房间看了一圈，发现充电器插在墙壁插座上，而数据线另一端的手机正躺在地板上。

于是我想，是否可以不必专门做支架，直接将手机搁在插座上。只是如果在墙上挂一个篮子或装一块板，难免令人感觉不适。这时我想到洋楼里装饰墙面的动物角标本。加上这个的话，即便没有放置手机，也不会觉得空荡荡；何况它还可以很好地架起任何机型手机。而由于插座和动物角标本原本就附着于墙面，看上去倒是十分相配。

但设计也就到此为止了。若是在这个基础上还要增加别的功能或装饰，就会显得"熟过头"了。

回想起来，大概在七年前，就听到收音机里一位学者说"香蕉会在 10 年后灭绝"。多么吓人的话啊！虽然现在已经一丝一毫都感觉不到这个话题的热度了，但我还在一边吃着成熟的香蕉，一边静静等待着三年后。

※ 该产品只是设计模型，并未制成商品。

照片：HAYASHI Masayuki

socket-deer

对牛弹琴，强人所难

我特别讨厌出行，海陆空任何交通工具都不喜欢。父母也极其喜欢闷在家里，尤其是父亲，就是早上去玄关信箱取报纸，都会不情愿地咂嘴。

所以我这种不爱出门的个性应该也是先天遗传的。但我们有半数以上的客户是海外企业，不得已的出差变得越来越多。一周被迫安排5~6个城市的行程，每个月都这么走上一两次，连我自己都意识到自己变得有些不正常了。

不过出行时也会碰到一些令人诧异的事情。有一次在飞机上，一位父亲在听到儿子说"爸爸，我想尿尿"的时候，竟不假思索地拿出了空饮料瓶，说道："就在这里吧。"儿子一脸迷茫，机舱内的乘客也漠然地听着这样的对话。这真是太离奇了！

我真想告诉这位父亲："飞机上的卫生间，前面有2个，后面也有2个。"如果还要多加一句，我会说："机舱内是禁止携带液态物品的。"

说到不能携带液态物品这一点，似乎不同的机场和航空公司在规定上也略有差异。

确实，在日本，不论哪个机场，行李安检处的告示板上都会声明禁止携带以下物品：饮料、洗发水……（嗯，这个可以理解）；果酱、蛋黄酱……（哦，这样啊）；味噌、布丁……（咦，是这样吗？这些也是液体？）。还有一次看到了金针菇罐头（啊？？），所幸那时我的行李里并没有放金针菇罐头，才得以平安无事地通过。

所以一直以来，为了避免麻烦，我在日本国内出差的时候总是尽可能乘坐新干线。但比起这些，最痛苦的事情非倒时差莫属了。我甚至试过各种各样的方法来解决这个问题。

①出发前几天就开始参照目的地的时间安排生活。例如去欧洲前变成夜猫子，去美国前调整为"百灵鸟"[1]。这和跳进泳池前先适应下水温是一样的道理。

②起床后的1小时用于沐浴阳光，调整生物钟。

1.百灵鸟，在此处比喻白天活跃，晚上没精神的人。

③适度运动，调整身体的节奏。

这些被奉为"倒时差的三大原则"。不过考虑到仍有推崇者会出现时差反应，这些方法到底在多大程度上有用还未可知。

尽管会因时差影响而无法接受海外的设计委托，但对于设计而言，时差反应却起到了相当难得的作用。迷迷糊糊中看东西总容易看错，而这种错误就有可能转变为创意。

譬如，感觉玻璃窗上粘了什么，仔细一看才发现是对面的物体倒映在上面。看起来很立体，但实际上只是平面的。还有一些情况，物体看起来很远，实际却很近。正是由于这样的错看，我们一下子将毫无关系的两个东西联系了起来，进而迸发出有趣的设计。

对日本人来说，"比兴"这种表现手法由来已久，并不是什么新鲜事物，好比用白砂象征大海，用稍大些的石块堆成高山。而我们也利用这种表现手法做了一些东西，其中之一就是几年前设计的位于表参道的室内体育馆。

设计的源起，是因为我将五彩缤纷的墙壁错看成了精心设计后的攀岩墙。这才想到在单纯强调功能性的攀岩墙上加上画框、家居杂货之类的元素，使其在没人使用的时候也显得十分赏心悦目。

虽然实际着手设计时遇到了不少困难，不过好在攀岩专家针对支点、路线等给了一些设计建议，最终完成的攀岩墙甚至达到了比赛场地的级别。

因为这个室内设计得到了世界各国媒体的报道，于是我们又接到了更多海外的设计委托。

照片：ANO Daici

ILLOIHA OMOTESANDO

喜欢甜点的设计师的减法策略

我在念中学时，有一种号称果汁含量为100%的水果味软糖，不知道现在还有没有了。它有种独特的弹性，口感也是让人喜欢得不得了，我那时候几乎每天都吃。不过虽说当时我只是个中学生，也隐约能感觉到"果汁含量并不是100%"。

有一天不经意间，我发现包装内侧的说明书上写着："使用了含量为20%的五倍浓缩果汁，换算为鲜果汁等于100%。"

啊？！可"换算为鲜果汁"这种说法实在闻所未闻。

不过后来，对于果汁含量的"百分比""无添加""零卡路里"之类的词，我基本都不介意了，反正只要好吃就行。不过那个瞬间，恐怕就是作为乐观主义者的我迈出的第一步。

从那时到现在，已经过去20多年了。如今作为一个喜欢甜点的二流设计师，我竟幸运地得到了设计乐天口香糖包装的机会。

然而在接到委托的时候，我设计产品包装的经验依然屈指可数。据我所知，我受到这一委托的唯一一个理由竟是："看起来像是那种会设计出有趣东西的人。"

我们面对的问题是如何推销"除口臭的口香糖"。当时的市场形势一头倒向了加有木糖醇之类的健齿口香糖；"除口臭的口香糖"常常只能在烤肉店看到，仿佛是给老头儿们准备的东西。仅仅是拿着它，都好像在宣告着"我有口臭"。

所以我们的设计目标是让20多岁的年轻人拿着也不觉得不好意思。在做用户研究的过程中，我特别留意了市面上已有产品的包装设计。

这些包装都有一个共同的设计倾向，即努力吸引消费者的注意，如在色彩鲜艳的圆环内弹出水果图案之类的设计。除了引人注目的广告语，LOGO的设计也完全不输气势，但似乎这样还不够，有的包装还会加上珍珠装饰或用上全息照相技术。想来也是，这些口香糖被摆放在靠近收银台的货架上，顾客判断购买与否的时间不过0.2 s。而在便利店，如果某种产品的周销售量不怎么理想的话，通常很快就会被下架。市场就是如此残酷。

虽然大家都觉得，必须比其他产品更进一步，但我反而想要后退一步，也就是变得不那么显眼。

就好像在声嘶力竭喊叫着的一群人中，如果只有一个人小声地说了句话，不是反而会让人在意他说了什么吗？

至于包装方面，为了利用真空镀铝膜包装纸的银色底色，印刷厂方面也花费了不少心血，最终通过重叠多层薄薄的白色，印刷出了不显花哨、品质上乘的亚光银色。此外，我们加入了渐变绿以表现薄荷的清凉感，还一边嚼着开发中的口香糖，一边对颜色、虚化反复做着微调。

因为文字内容和企业 LOGO 等都统一印成了白色，所以从特定角度看字母仿佛消失了一样；而作为商品名的"ACUO"，则直接被设计成了简洁的 LOGO。

就这样，这款产品在货架上产生了一种不可思议的存在感，消费者买下放在口袋或包包中，也不会觉得不好意思。

在那之后，我还负责制作了 ACUO 广告中以冷面角色出场的伊势谷友介的平面照，并以此为开端，陆续接了 ACUO 的杂志广告、交通广告、店内海报等的设计委托，着实有些应接不暇。结果，ACUO 口香糖创下了该品牌历史最高的销售纪录，我和乐天品牌的各位合作伙伴也由此产生出了一起去千叶海洋球场看棒球比赛的情谊。（笑）

如今，"ACUO"这个品牌还在不断发展，项目也仍在进行。对我来说，这种与品牌共同成长的经历，本身就是一笔重要的财富。

更多信息：乐天，www.lotte.co.jp

照片：HAYASHI Masayuki

ACUO

先想"包袱"[1]

我的周末，基本上都是在无所事事地观看电视猜谜节目中度过的。

虽然也想过要像个创作者那样，去咖啡馆画画素描、看看法国电影等，但实际上我还是更喜欢懒洋洋地看一些《樱桃小丸子》《海螺小姐》之类的周末消遣佳剧。

不过，虽然总是整天坐在电视机前，我却是最近才意识到，那些让人"噗"的一声笑出来的桥段，与设计也有相通之处。二者作为沟通方式，尽管形式上有所差别，但目的都是为了作用于人的情感。这样一想，存在什么共通点，也就不足为奇了。

设计中也有"装糊涂和吐槽"。有时候，看起来过于井井有条的情况，反而令人难以设计。也就是说，因为看不到问题之所在，所以设计也变得无从下手。

这时就有必要从新的视角"提出问题（＝装糊涂）"，再通过"解决问题（＝吐槽）"打破原本的平衡。而且这二者若不搭配起来使用，也仍然无法发挥作用。此外，好比设定一个"小品"中的人和事时，重点在于让对方感受到"确有其人"和"确有其事"；设计时也应让使用者体会到设计者的用意，产生相似的感受。入戏的表演者还会用看似非日常的举动（如极度紧张）来表现日常的事情，由此生出一种令人发笑的违和感，这和我之前提到的"变形术"是异曲同工的。

这样最后抖出的包袱就可以说是设计的产物。而抖包袱的过程，就在很大程度上影响了整体的质量。

从设计的角度来说，这个过程也有很多种。就我个人而言，常常会先确定最后的包袱，再反过来推想如何抖出这个包袱。

作为一名专家，不仅要以固定的频率持续产生创意，更重要的是，还应确保设计过程的顺畅。这时候就需要"先想包袱"。

譬如，接到设计红色椅子的委托之后，按照逻辑，可能是先考虑椅子的形状和材质，

---

1. 包袱，曲艺术语，指曲艺中的笑料。抖包袱指把之前设置的悬念揭开，或者把之前铺垫酝酿好的笑料关键部分说出来。——译者

再调整就座时的舒适度和椅子尺寸，然后确认结构强度，探讨出最适宜用红色的方案设计，最终做出一款红色的椅子。

但对我来说，设计过程并非如此。我早在一开始就想好了"实际是白色但感觉是红色的椅子"这样的包袱，只是因为人们感觉它是"红色"的，才会称它为"红色椅子"。

那么，要怎么做才能让白色椅子看起来像是红色的呢？这才是我要思考的内容，即达到目的的方式。

可以用镜面之类的材料映出红色；也可以通过设计周围的环境让椅子显现为红色，例如让椅子在红光照射下显出红色；还有一种无端制造浪漫（笑）的方法，即放在高高山丘上的椅子，每天都会在日落时分被染成红色。比较现实的设想是，参考在物品前面放置红色胶片的做法。那么具体来说，是在人和椅子之间增加一个离人很近的滤镜，还是用像水族馆水箱那样的东西包裹住椅子，或者是，即便不用滤镜也可以实现同样的效果？假如先盯着作为互补色的绿色看，再去看白色的椅子，不是也可以看到红色吗？

想法可以天马行空，不过还是要找到一条最合适的路，以通往一开始设定的终点。

最近我们设计了一款鞋拔。顶端的"抓手"部分充分展现了"maruni 木工"公司高超的加工处理能力。而这里藏着的"包袱"就是，"在必要时突然出现的鞋拔"。至于如何实现它，就任由人想象了。不过只要从包袱开始往回思考，就一定可以看到"抓手"存在的必要性。

更多信息：maruni 木工，www.maruni.com

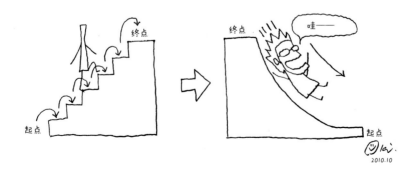

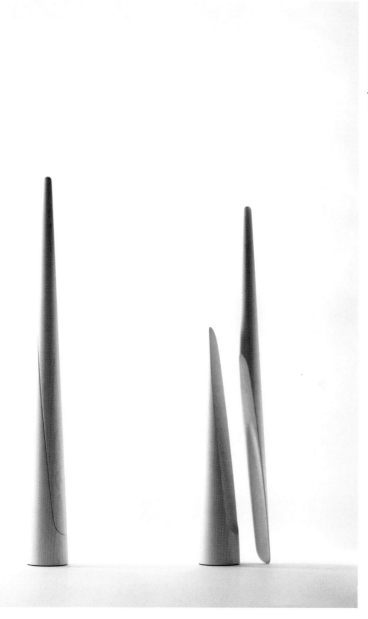

shoe-horn

巨人设计师的紧凑化作战

我那颇显浪费的高大身材，偶尔也会对设计起点作用……

这种事情，从来没有发生过。可以说，我的身材毫无用武之地。除了在日常生活中换天花板上的灯泡、打扫橱柜上的积尘的时候才显出一点优势，基本上也就仅限于这些站起来完成的事情。别的时候，要么是因留神脚下而撞到天花板，要么就是吸取教训，先注意了天花板，立马又被脚下的台阶绊倒。总体来看，还是负面的作用更多一些。

接受采访的时候，我也常常听到对方感慨"没想到这么高大"，好像在感慨那种款式过时的移动设备一样。而当我坦言这种身材也没什么优势的时候，竟会有人接话道："在约好的地方碰头时，可以让人一眼看到，不是很方便吗？"真的方便吗？这个问题我至今不得其解。有一次我在便利店收银台前排队的时候，前面的小孩子突然喊道："爸爸！是崔洪万！"这一声喊叫甚至在队伍中引起了小小的骚动。崔洪万？哦，是韩国明星吗？一瞬间的错愕之后，才意识到是被称为韩国K1巨人的格斗手。

前些日子，一位初次见面的客户说："这样说可能有些失礼，不过从你在杂志报道中给人的印象来看，我还以为你是个比较洋气的人呢。"很抱歉，真是让你失望了。那天晚上，我拿着一罐啤酒，不禁想着，从什么时候开始，我的身高就被说得好像言过其实了呢……

如果是在欧美，像菲利普·斯塔克（Philippe Starck）、斯蒂凡诺·乔凡诺尼（Stefano Giovannoni）这些怎么看体重都超过100kg的设计师，或是凯瑞姆·瑞席（Karim Rashid）、马塞尔·万德斯（Marcel Wanders）之类身高明显超过190 cm的设计师，才能算是巨人设计师吧……

话说回来，在设计的时候，与我的体形相反，我总是想着如何尽可能地"紧凑化"。就像在体育中，聚力的姿势往往很重要。设计的要点在于，要把每一块肌肉联动起来，通过小范围的操作凝聚最大程度的力量。也就是说，面对问题，设计师常常要思考的是如何用简单的方法来解决。至于是这样比较酷还是那样更美观，都是后话。毕竟设计最首要的是直指本质，让设计合理地发挥作用。在设计小的简单物件时，这样的思考方式效果尤其显著。

几年前，芳香理疗师大桥女士做了个项目，即精油品牌 aromamora，我则负责了精油瓶的设计。

我最终设计了一个小到可以完全握在手中的瓶子。不过实际上在一开始，我接到的设计委托并不是精油瓶的设计，而是滴入精油让人享受香气的喷雾器。委托方之所以最初没有想到做瓶子的设计，是因为他们原以为使用那种遮挡紫外线、保证油性成分不散失的茶色瓶之后，就没有多少设计的余地了。

其实这样反而给设计打开了一个缺口。这其中的关键就在于瓶盖。虽然瓶子都一样，但一旦加上了造型各异的瓶盖，立刻就变成了颇具原创感的设计品。而且在我们的设计中，瓶盖还兼具了加湿喷雾器的功能，这样也就没有必要明确区分瓶子和加湿喷雾器了。我们还找到了可以小批量生产的新材料，又根据瓶盖大小做了微调，并且确定了"魔法南瓜"般的外观，以稍大于正常瓶盖的比例制作安装。此外，由于这款产品在不同季节会特别推出新的香型，我们便根据季节印上了图案，如拉链、抽屉、钥匙等，以突出差异化的主题。整个方案从最初讨论到最后设计陈述资料的完成，不过花了短短数日。虽然也被说成过于注重细枝末节了，但在我看来，这才是最重要的。

更多信息：aromamora, www.aromamora.jp

照片：HAYASHI Masayuki

aromamora

材料之美，浓缩之美

一直以来，日本制造都以擅长做"减法"而为人称道。而海外工作的经验，让我对这一点有了更强烈的体会。

尤其在法国，会感受到法国人几乎都是"加法"的拥护者。他们常常在制作中一样接一样地加入各种要素，以至于让人怀疑到底有没有这么做的必要；而最终完成的作品，却可以在拥有上乘品质的同时兼顾到细节，这是为何？如果用料理来对比说明，就很容易理解了。法式料理喜欢综合不同的食材，融入多种酱料，功力深厚的大厨往往可以组合出精妙绝伦的料理。相比之下，日式料理总是专注于单一的食材，不论对象是刺身还是豆腐，仿佛都值得精雕细琢。

在手法上，日式料理还十分重视处理食材的过程，食客也会就这一点给出评价。例如在酿造日本酒的过程中，就要讲究水和米的选择和配比、米的研磨方式。让人不禁感慨，日本酒与红酒完全是在不同的次元里对决。

回到设计，"减法"理论有时也可以起到不小的作用。譬如"没有花瓶却仍能直立的花"，设计的趣味性在于，如何做到减少了某个要素而不被察觉，看起来依旧十分自然。而设计室内饰品的常规手段，通常还可以被应用到大量生产、标准严格的工业制品开发上。

举个例子，随着技术的进步，一直以来被认为必不可少的部分，在不知不觉间就形式化了。此时，设计师若从客观的视角，用减法的方式，就能一举解决问题。毕竟抛开既定思维，想着"没有反而更好"，也是设计的乐趣之一。而当这种减法被发挥到极致，事物浓缩后的精华就会呈现出来。这与我不久前了解到的日本家电大企业的看家本领也有相通之处。

这种本领就是紧凑化、轻量化。从索尼的随身听到本田的超级幼兽（super cub），都是如此。就连日语的表达方式，也常常是浓缩的。它来源于中国的复杂汉字，历经楷书、行书、草书等的变化，不断被简化，最后演变为最基本的笔法；日语还进一步地用类似字母的平假名和片假名组合成单词，这种方法也算是日本原创了。发展到最后，甚至还出现了这样的浓缩单词：新快今关[1]。

nendo曾在伦敦萨奇美术馆举办了一场名为"thin black lines"的展览，主题就是"减法"及由其衍生而来的"浓缩"。这间美术馆从现代艺术的代表人物达米恩·赫斯特（Damien Hirst）开始，支持了许多意大利艺术家，颇具影响力。

而我们的这场展览是"第一次由设计师而非艺术家主办的个展"，面对众多业内人士的期待，我们也感到了巨大的压力。即便如此，我们还是在短短两个月的筹备期内，设计出了桌子、灯具等多达30项的新家具作品。作品的金属加工由落合制作所负责，涂装工作则交给了KADOWAKI公司。但由于时间紧张，这些公司所有与项目相关的员工每日都心神不宁。而我还总是对他们说类似这样的话："我会在明天之前把图纸送来，所以明后天就麻烦你们了！"恐怕真是给他们带来了不少麻烦。

至于完成的家具，只能勉强被称为家具。因为在做过"减法"之后，这些家具的功能和价值就被浓缩在了一根根黑色的轮廓线之中。

最终，虽然设计中没有使用任何透明素材，却营造出了一种透明感；尽管没有完整的表面，但仍能让人大致感觉到哪里是表面。这里头前后的位置关系并不十分明确，在某些角度看起来是平面，但不经意间又能看到立体的模样……整个让我都觉得捉摸不透、不可思议（笑）。要是平时滴酒不沾的我此时喝了点日本酒，再来看这个设计，估计得看上一阵吧。

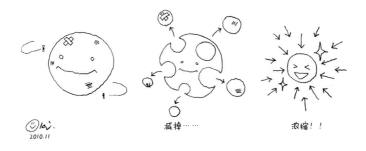

减掉……　　浓缩！！

2010.11

1.新快今关，即あけおめ、ことよろ，是对日文"あけましておめでとう、ことしもよろしく"（新年快乐，今年也请多多关照）的非正式缩语。——译者

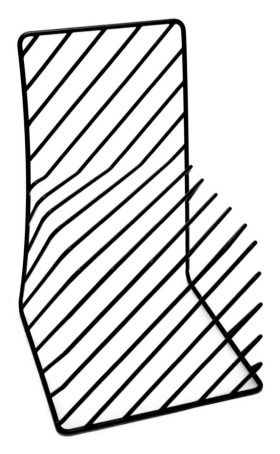

thin black lines

体感速度开关术

如今，对"更好，更快，更便宜"的追求已经告一段落，"慢食"之类的话也完全听不到了。但还有我，感觉到速度的重要性的我。

在这个世界上，所有东西都与速度有关。桌上的拿铁咖啡，在一点点地冷却，其中的牛奶在分离、氧化与蒸发。看似静止的事物，实际上仍在以缓慢的速度继续变化，这是毋庸置疑的。对设计师来说，思考这些看似无趣的事情，非常重要。之所以这么说，是因为设计的基础，就是把对象放在时间流中来思考。例如在设计住宅的时候，必须考虑到 10 年、50 年后因家庭结构和社会结构变化而改变的生活状态；设计产品的时候，如果不提前设想产品是会历久弥新还是越用越脏，那么只会徒增垃圾的数量。当我意识到这种速度之后，也会调整日常生活的节奏。毕竟不要说大企业，就是在小小事务所中工作的我，也很难控制好"开"和"关"。置之不理的话，设计就会一年 365 天一天 24 小时地驻留在我脑海中，挥之不去。所以在必要的时候，一定要给自己的大脑和身体发送信号："今天是休息日呢。"那时候需要使用的，就不是"体感温度"，而是"体感速度"。在"关"的日子里，尽可能放慢动作，在做事时花费比平时更多的时间，把整个转速调低一挡：走得慢，吃得慢，看书也慢。虽然在旁人眼里就是个傻子，但习惯之后就可以在一周、一个月的时间跨度中形成一种节奏，一旦转换为"开"的状态，精神就会更加集中，发挥出更佳的作用。

或许有人会想，创意产业需要快速吗？花更多的时间不是可以想出更好的创意吗？当然就我所知，除了我们也没有其他追求速度的设计事务所了；但对我来说，实在是无法不考虑创作的速度。

至于原因，则是为了在保持灵活性的同时提高质量，故而必须追求极限的速度。用加倍的速度做方案，就可以给客户提供双倍的选择，从而创造更多的可能。而由于出货期大大缩短，一开始觉得困难而放弃的技术在后面也还有被重新采纳的可能。此外，有了充裕的时间，即使中途遭遇不可抗力不得不改变设计方向，也可以快速调整轨道。

对于执着于个人创意的创作者来说，如果可以在短时间内想出一大堆创意，那么这份执着也会变淡，在应对各种突如其来的变化时也可以更加灵活。而且，因为速度提高之后有了更多的修改时间，所以失败也就不再显得那么可怕，而自己也能尝试一些风险更高、更大胆的方法。在这些尝试过程中，我们积累了许多经验，所以也会比其他成立更晚些的事务所成长得更快。由此来看，在这些情况下，速度是可以对质量起到约束作用的。

顺便说一下，我们不久前还为伊势丹百货设计了一个小猪银行（小猪储蓄罐），用于参加秋季的设计潮流展。我们在接到委托的第二天下午就完成了设计方案的陈述，这恐怕是事务所有史以来工作进度最快的一个项目了。之所以叫它"小猪银行"，是因为我们使用了一种在中世纪的欧洲被称为"pygg"的黏土，烧制出了瓶子形状的零钱储蓄罐；而这个单词很容易被误以为是"pig（猪）"。基于这个有趣的误读，我们就在设计时把塞入硬币的狭缝做成猪鼻孔状。仔细看看，应该能看出猪的样子，只不过看出来的速度恐怕也因人而异……

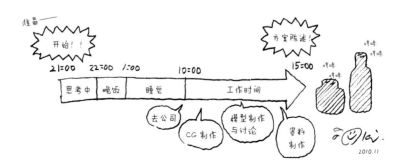

照片：HAYASHI Masayuki

piggy-bank

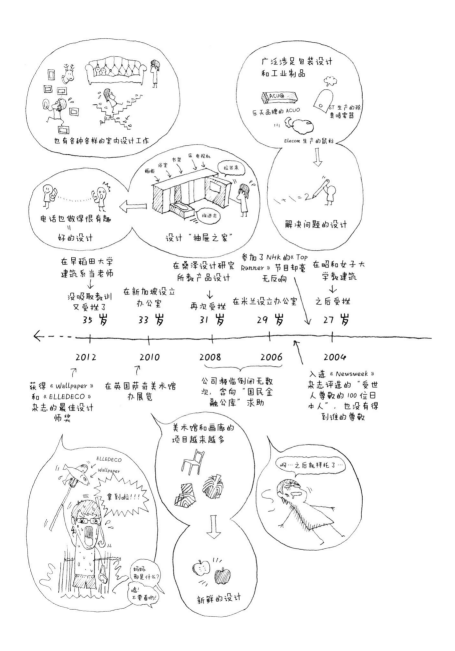

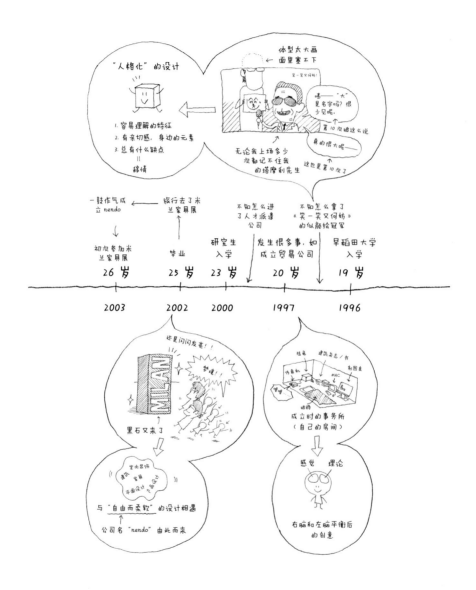

50

nendo 的历史

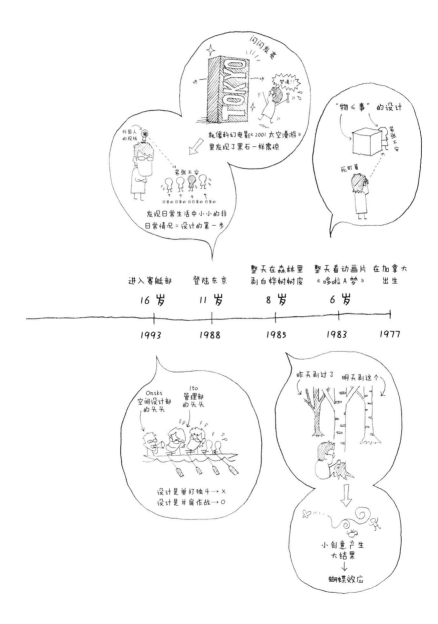

近视眼设计师的复眼术

我常常觉得，作为设计师，绘画能力、专业知识都不是必要的。比什么都重要的，应该是"眼睛"。

不管是设计产品还是空间，在将方案具象化的过程中，瞬间的判断必不可少。很多设计方案都需要设计师当场做决定，并且绝不能让对方感到"你觉得很棘手"。换位思考一下，假如自己是患者，也不希望在手术前看到外科医生抓耳挠腮吧。面对眼前的高墙，究竟是越过去、绕过去，还是推倒它，或多管齐下，都必须立刻给出答案。

这时候能够依靠的，只有自己的眼睛。这就需要借助洞察力、经验、直觉和其他许多要素，而这种种要素每天都会不断更新。如果在这方面没有绝对的自信，恐怕也就吃不了设计师这碗饭了。然而，这种本事无法从别人那里轻松学来，硬要说有什么可以传授的话，也就是要先形成双重标准的概念，再慢慢看到一个事物的多个方面。记得在学生时代，我就被教导要形成自己的一套判断标准。不过我以为，如果不是双重标准，就没有意义。这里的"双重标准"，指的是"喜欢的设计"和"正确的设计"。所谓"正确"，通常是指设计结果能够发挥客户需要的功能，满足客户的要求。但有时也常常听到类似的对话："这个设计不错呢！""唔，但我一点都不喜欢。"这个时候，讨论的焦点就已经被置换了。

明确区分这种双重标准之后，就会出现两种评价：虽然不喜欢，但确实是个好设计；虽然喜欢，但作为设计并不太合适。如此一来，看待事物就又有了不一样的角度。想来，自己作为设计师，可以一直做自己喜欢且能回应某种状况或问题的设计，也算是创造了有"最大公约数的设计"，真的很幸运。话说回来，持续应用这种双重标准，就可以学会从多个角度看待同一事物，发现"一人多面"的问题。

这就像接受综合体检时，医生要从不同方面来诊断身体状况。而到了这一步，再对每一个组成要素的时序和关系进行重组，就会有新的创意出现了。举个例子，我们拿到一支铅笔，可以从材料、质感、颜色、温度、气味等基本方面，联想到与铅笔相关的行为和情形，继而将它分解成笔芯、木杆等部分，并整理出每个部分之间的关系。木杆是为了保护笔芯不被折断，还是为了防止手指被弄脏？在削铅笔时削的是笔芯还是木杆？当彼此间脱离关系，并被新的元素取而代之的时候，新的铅笔创意就呼之欲出了。

金泽21世纪美术馆在举办"金泽国际工艺三年展"时，nendo负责设计预热活动的会场布置。设计过程中，我们并没有凭空想象新的形式，而是仅仅对已经存在的事物进行改良。在预算有限的情况下，我们在短短1天里，做出了多达62件作品，每一件都被装进了玻璃展柜之中，且各自配有照明。尽管一开始感觉有些困难，但在厘清所有条件之后，我意识到可以将观赏植物专用的温室玻璃柜作为展示柜。这样做的好处是，展示架、电源、玻璃等都是成套装配好的，就算是行外人，也可以用一把螺丝刀轻而易举地把展示柜搭起来。而且在活动之后，这些设施也不会变成一堆垃圾。另外，这些批量生产的工业展柜的无机质感，和其中摆放着的经由双手打造的工艺品的灵动感，形成了鲜明的对比。当然，这也是精心设计的效果。总之，带着一双在日常生活中不时发现新意的眼睛，就和用望远镜观看夜空、用显微镜切身感受微小事物一样，都会产生相似的感动。这不仅对设计师有用，而且也能让人由此发现日常生活的乐趣。只不过，观察时最好不要细致入微到让周围人心生反感……

嗯嗯
是这样来的呀……啊，也不是，
做得还真是不错呢
啊，原来如此……
那样的话，是肯定有吧，嗯
是啊，是啊……

2010.12

International KOGEI Triennale

模棱两可的事物

我有一只狗。几年前，妻子在宠物店的官网上看到了这只狗，就特地去名古屋把它买了回来。但在此之前，妻子并没有对宠物表现出什么兴趣。于是我问她原因，得到的回答是，那只狗"看起来很奇怪"。确认了实物之后，才发现原来是吉娃娃和哈巴狗的杂交狗。也就是说，妻子买下它，只是因为它长了一张很奇怪的脸。当然实际上这也没什么值得奇怪的，像我这样本来就不太注意细节的人，觉得它挺招人怜爱的。

因为这只狗的毛色是米色的，而且我喜欢甜食，就给它取了个简短的名字"kinako"（意为黄豆粉）。每次带它去事务所，一群海外实习生们总会喊："嗨，Kino-ko！ Come on, Kino-ko！"我也无所谓，就随他们去吧。

买下它的时候，宠物店店员表示最终会长到 2~3 kg；然而买回来不到 1 个月，它就长到了不止 4.5 kg。我们定期带它看兽医，最后拿到的体重图恰恰和日本经济反着，一路飙升。

于是我和妻子开了一个紧急会议，寻找对策，彼此都主张把喂食的量减少两成。嗯？彼此？所以彼此同时继续给它喂食，总量不但不减，反而增加了 60%。

但 kinako 终究还是 kinako，不管什么时候，看见什么东西，都能吃下去。妻子工作间里落在地上的彩色串珠和亮片，都被 kinako 吃了进去，导致它拉出来的便便也像女生的手机一样粘着配饰，亮闪闪的。

有一次它甚至把用过扔掉的暖宝宝都吃掉了。这可不妙，我们立刻带它去看兽医，幸好情况不严重。不过从 X 光片来看，它的喉咙到肛门一片白色，应该是塞满了铁粉吧。见此情景，妻子来了一句"这简直是艺术啊"。喂喂。不过我向医生咨询的时候，内心确实也在想着，要是让它靠近一大块磁石，会怎么样啊？

一边这样的事情在不断发生，另一边，我开始以帮它减肥为目的带它去外面遛弯儿，因此也常与其他的宠物主人聚集在一起。不过最初，我没有意识到自己把狗直接叫作"狗"的行为有什么不对，每次都会招来白眼。后来才发现，在这里至少也应该叫它们"汪酱"。

不知不觉间，狗的性别从"雌雄"变成了"男女"。对了，我的狗好像还从"杂种"变成了"混血"。反正现在，我已经会跟人说，自己养了一只"混血"的"女汪酱"。

不过实际上，在设计的时候，这种不明确的暧昧感也可以作为一种重要的视角。或者说，通过这种不明确，避免了给事物定性。往往在事物被赋予了明确名字的那一刻，这个事物就被定了性。但假如使其保持模棱两可的状态，或许就可以灵活地变化出更多新的事物。

我就不会在身边放上这种确定的事物，这多少和这种想法有一些关联。因为一旦被拥有确定名字的事物围绕，自己好像被限定住了。这么来看，为了让大脑保持灵活的状态，或许这样会更好些。

在翻新自己家的时候也是一样。布置墙面时，我更愿意用像壁纸又像植物的东西来做装饰。所以我在原有的旧壁纸上，像画唐草花纹一样贴上了类似干青苔的装饰。这样就让人产生了一种既像自然形成又有人为痕迹、似旧还新的印象。

就这样，通过无处不在的暧昧感，做出了让人感觉舒适的设计。而此时变得"似狗非狗"的kinako，似乎对这样的室内装饰很满意，已经开始背着人啃起墙上的青苔了。

第二天才发现墙上的资料都被……

照片：ANO Daici

青苔之家

好设计 ≠ 获奖

　　最近又在出差。这次是从汉诺威开始，先后前往米兰、佛罗伦萨、威尼斯和巴黎、伦敦、巴伦西亚等几座城市，为期 12 天。除了要商议约 18 个项目之外，我还要参与"iF 设计奖"的评审，这个奖相当于日本优秀设计奖（Good Design Award）的国际版。

　　主办国是德国，整个评审过程也是相当克己的。约 20 人的评审团队，需要在 3 天内将收到的近 3000 份工业制品一一过目。向来不擅长团队行动的我，除了痛苦之外就没有别的感受了。

　　要说这些工业制品，也是千奇百怪，既有餐具、手机之类的小物件，也有起重机那样的大机器。一些工业专用的机械臂、不明用途的医用机器等，也纷纷登场，简直就像动画片《千与千寻》中的妖怪大游行。刚到第二天的后半程，就有评审撑不下去了。一问，说是一整天都在看冰箱。没想到立刻有其他评审安慰道："这没什么，我从早上开始就一直在看洗衣机，非常理解你的痛苦。"叫人泪流满面。

　　完成了一整天的评审后，所有人一块儿吃晚餐。我被分到了"北欧桌"，和芬兰、瑞典的设计师们坐在一起。近年滑雪鞋的设计日渐成风，设计师们也开始聊起了诸如"是硬鞋好还是软鞋好"之类的话题。他们熟络地交谈着，滔滔不绝，只是我完全搭不上话。更为糟糕的是，我还不知道该在什么时候笑。仅仅想随意地说几句，在这里都显得很难。

　　而面对德国菜，我又没法闷头吃喝，只能看着眼前不知是马铃薯还是通心粉的不知名食物堆成了山。再一瞧邻桌，发觉刚才还说着"我是素食主义者"的一位胖女士正在大快朵颐。虽说这些也都没什么，只是觉得满目都是些难以理解的事情。

　　说回设计奖吧。虽然我在日本很少有机会担任评审，但每次都觉得，并不一定获了奖的就是好的设计，没获奖的则不好。面对目标、价位各不相同的产品，我倒是会对那些被评价为"分模线（树脂的接缝）过于清晰"和"镀铬工艺很便宜"的产品产生兴趣。毕竟这些产品预算有限，只能采用廉价的制作方式，还得应对那些吹毛求疵的消费者，设计挑战同样不小。

但没有办法，既然是由设计师评出来的设计奖，做一些让同行接受的东西总会有利。像iPhone、iPad之类的产品就深得设计师的喜爱，这种类型也成了超级常胜组。就像打"安全牌"一样，连评审都会很安心地给它们投票。每每见此场景，都不由得感慨，苹果公司没有引导设计的方向，却能创造出这样的氛围，实在很厉害。总之，与其说在评选"好的设计"，不如说获奖的都是"在能够投上一票的我看来略显浮夸的设计"。所以其实参赛者真的不必太在意最终的结果啊……

就算是我自己的设计，其中也有一些莫名获奖却完全不能和对手相提并论的产品。但若是设计没获奖，我又会感到对不住客户……

几年前，我们给意大利家具制造商 Cappellini 设计了一款名为 ribbon 的凳子。这个产品从 iF 设计奖开始，获得了各种各样的奖项。因为参赛的是制造商，所以我总觉得是别人的事情，因此作品中也不乏一些迎合同行口味的设计点。

这个凳子的设计理念，其实就是将常规的 4 条凳腿改为 3 根丝带状的曲线。说起来，把这个凳子放在房间里的我，一定也会被认为有些浮夸吧？但我真不是那样的。

更多信息：CAPPELLINI, www.cappellini.it

ribbon

独立与孤立

"以后想成为一名独立的设计师，可以给点建议吗？"曾有人这样问我。只是我自己并不是独立在做事，所以要回答这个问题，十分困难。不过确实有一段时间，我完全是自己一个人。那还是在学生时代，我做着兼职翻译，当时项目双方的商业合作没有达成，对方希望由我来接手这个项目。我以此为契机，开始接触商贸。当时我负责的主要业务，就是把日常用品发往中国的百货商店等事情。因为我每个月都要发出几个集装箱的货，所以也会给对方提出不少商品方面的建议。我提议的指甲剪就获得了超级好评，对方还表示比剪刀好用多了。到了下一次，我提议进些保温杯，于是又得到了不错的反馈："轻，也不怕摔，里面的东西也不会冷掉。"最后我提到了新潟的中餐刀具，没想到对方依旧高兴地告诉我："果真非常锋利！"现在回忆起来，特地把中餐刀具转卖到中国的 19 岁的我，到底在想些什么啊？

后来，因为那家中国百货店是国营店，据说不能往个人账号上打款，所以我不得不去注册了个公司，也算是一边上学一边创业了。但说是独立，其实不过就是在自己近 10 ㎡ 的房间一角放一台传真机，在上课的间隙拟一些发货单。总之，都是些称不上工作的无聊小事。

接下来我又意识到，一个人完成所有琐碎的业务实在太辛苦，就算是独立，也并不自由。而进一步看，与其说是"独立"，还不如说是"孤立"。虽然现在想想也不错，毕竟那时候攒下的钱可以负担自己和兄弟的学费，但当时总想着，要是有可以交心的朋友一起工作就好了。所以在毕业后，我就与朋友和后辈共同创办了这个设计事务所。

像如今在事务所里负责建筑设计的 Oniki、负责管理的 Ito，都是我从高中时期起就一起参加社团活动的好朋友。Oniki 更是和我大学时同一个学院，读研究生时同一个研究室，两人的关系用"交心"来形容已经不够了，用"老夫老妻"还差不多。

事务所其他的员工也很古怪。有员工还会在电话中这样说："对，我是 Kawai，那个 kawa 就是，呃，三途川的川（日语念 kawa）。"喂喂，这样讲的话，也可以是三点水的"河"字（日语也念 kawa）啊。

先不说这些事了。就我自己而言，最重要的还是在舒适的环境中工作。如果设计者不能愉快地做设计，那么这个设计恐怕也不会令人感到高兴。

所以我常常很注意自己的状态。设计的时候，也会思考设计对象的状态。比如说要设计杯子，我会首先想想那个杯子里装的是什么样的饮料，通常会倒多少量，放在桌子的中央还是边缘。这些状态可以在很大程度上影响使用者的心理。然后再根据心理状态，选择最合适的材料、颜色和形状。

我曾经为咖喱料理连锁店"CoCo 一番屋"设计过一款"限量咖喱勺"，那个产品的设计过程也是从思考"状态"开始的。

勺子当然是为用餐而准备的工具，每次也只能使用一只。而我们尝试设计的，是"不被使用时的状态"，即"放在一起时的状态"。于是就有了这样的设计，使得在餐具架上备用的勺子们看起来就像一棵树。不过直到真正着手做，我们才发现对"树枝"进行打磨抛光十分困难。拜新潟工匠高超的技艺所赐，最终这一设计得以完成。

集中起来的勺子们形成了一片小小森林，虽说一只也没什么不可以，但总觉得多一些会更好。这样说来，这也是不"孤立"勺子的设计啊。

更多信息：咖喱屋"CoCo 一番屋"，www.ichibanya.co.jp

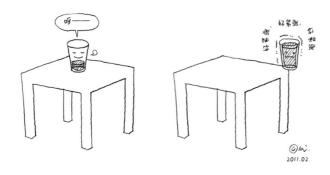

照片：HAYASHI Masayuki

forest-spoon

甜甜的设计

我滴酒不沾，口烟不进，唯独爱喝点咖啡。通常一天要喝上四五杯，会议多的时候，量还会有所增加。我去附近星巴克和 Tully's 咖啡店的频率，基本上就和一周五天这种上班的节奏一样，还和店员随意地聊上几句，看上去和那种"没有老伴的闲老头"差不多。我不仅清楚咖啡店兼职员工的轮换班次，还会注意到货架上咖啡豆袋的朝向并把它们整理好，甚至在自动门坏掉的时候想着应该修好它——简直把自己当成了咖啡店的区域经理。到了晚上，我就会去 M.A.C. 或 7-11 之类的便利店买咖啡喝。总之，就是中了咖啡的毒。

就好像喝酒要配一些下酒菜，喝咖啡的时候，甜点也是必不可少的。在老家目白，有一间"AIGRE DOUCE"咖啡店，里面的焦糖牛奶和巴斯克蛋糕都很不错；在附近的广尾，可以吃到"船桥屋"里的葛饼；要是经过青山，一定要去"mame"买上一打莓大福[1]；至于可以邮购的甜点，就买"house of flavours"的葡萄果冻和芝士蛋糕好了；"紫野和久传"的莲藕甜点"西湖"，绝对让人吃了不后悔；蔬菜系甜点的话，"rurusonkiboa"的京野菜冰淇淋怎么样？如果是在国外，例如去了巴黎，那我肯定会径直前往著名甜点大师铠塚俊彦曾经学习过的老铺"Stohrer"，尝一尝闪电泡芙（éclair）。

说是这么说，我也渐渐发觉自己每天都在不断摄入大量糖分。所以有段时间，我甚至在公司加了一条规定：每天最多 3 个甜点。但自己还是在不停地吃，而且面对同样的东西，我还可以分出不同季节、不同做法带来的口感上的微妙差异。即便是从没见过的蛋糕，只要看到切下去后的剖面，我就可以想象到它的味道。这种能力渐渐发展到，看到整个蛋糕的外观就能想象到剖面："里面肯定放了巧克力甘纳许吧。"我还变得开始喜欢思考一些没什么意义的事情："这个树莓甜点在倒数第二层涂了开心果酱，应该是重视最底层的口感才这么组合的吧。"

有一次在演讲后的问答时间里，突然被问到"佐藤先生喜欢的食物是什么"时，我竟然忘了在场大部分人都比我年长，不假思索地回答道："我每天都吃甜点。最好可以因为糖尿病死掉。"瞬间冷场。

或许也是这个原因，我发现自己接到的采访主题，比起作为主业的设计，越来越多

---

1. 莓大福，一种内部填有馅料的点心。——译者

是关于甜点的。从推荐甜点的街头采访，到"达人去过的人气甜点店"之类的专访，再到适合 2 天 1 晚游览品尝的目的地的外景采访，诸如此类。我还曾为了评出 "年度 100 佳甜点"尝了 100 多种甜点，并给它们排了名次。到最后，我甚至能够和人气甜点师、料理专家进行对谈，还有专业的料理杂志发来类似的邀请："这次请您与芝田山亲方[1]谈话。"这是说，我都和这位"甜点亲方"齐名了吗？那我也能算上甜点"横纲"了吧？那之后要对决的，只有的场浩司[2]了。到了这个程度，连我自己都开始疑惑："欸？我的职业到底是什么？"

　　所以现在的我，只是偷偷吃些甜点，不再大张旗鼓了。顺便提一句，我还有一次把甜点和设计联系了起来。当时我的合作对象是甜点师辻口博启，他开在自由之丘的甜点店"Mont St Clair"远近闻名。我首先设计了一款放置彩色铅笔的盘子，他则相应地创作了一种巧克力蛋糕。接着，我们又加了几支可可浓度各异的巧克力"铅笔"和一个"卷笔刀"。食客可以按照自己的喜好，在蛋糕上方"削铅笔"。通过这个设计，原本作为废弃物的"铅笔屑"，一下子就成了主角。

　　在这个过程中，不再仅仅由甜点师单方面进行制作，食客也能够参与其中。虽说这是自己的设计，但我还是会很感动。只不过打动我的，不是设计，而是辻口博启先生的美味蛋糕。

　　想着这些，不经意间又一杯咖啡下肚了。

chocolate-pencils

印尼炒饭之夜

　　不知怎么，从 2010 年年底开始，我一连串的工作都围绕着亚洲展开：在印度，为家电制造商做工业设计；在中国，负责香港和内地的店铺设计，参加台湾地区行政主管部门主办的设计项目；在韩国，为化妆品公司做品牌推广，并在韩国画廊举办个展；等等。虽然多少有点超出自己的能力范围，但至少不像欧洲那么远了。不过正是因为这样的便利，反而导致我几乎每个星期都要去国外出差，日子就在不断积累疲惫感和里程数中度过。

　　2011 年 1 月，我去了一趟新加坡。在当年刚刚设立的艺术节"艺术登陆新加坡"（Art Stage Singapore）上，世界各地以亚洲为中心的画廊纷纷参展，我们的小型个展则被安排在了会场的一角。乘坐的航班深夜从羽田机场出发，次日凌晨 6 点到达新加坡，倒是相当适合出差。从落地一直到第二天，基本上就是忙着布展、接受采访或去聚会上露个脸，最后再搭深夜航班回国。这就是所有行程。

　　这次我们展示的是桌椅之类的家具精品，其中的一个亮点是书架。我们将书架的头部做成倾斜的样子，看上去摇摇欲坠；而恰恰是这种形态，可以使它放下不同尺寸的书籍。只不过到了现场，我们打开书架的包装一看，才发现书架完全变了样。尤其叫人大吃一惊的是，书架唯一的特色——"倾斜的头部"完全恢复到了原位。这可不就是普通的书架吗？我二话没说跨上去就使了摔跤中的驼式固定技，硬是把"头"掰了过来。看到这一幕，不知情的人们也围了过来。大概我这样也算行为艺术了吧。

　　虽然比想象中好一些，书架头部又继续倾斜了，但重新焊接的工作还是必不可少的。于是我把它带到了郊外的铸铁厂。说是铸铁厂，不过是在铁屑堆成的小山上加个屋顶而已。野狗在四周闲逛，师傅们戴着手套和防护面罩，光着上半身，哼哧哼哧做着焊接。如此场景中，突然出现一位西装革履、抱着白色架子的日本人，原本还在叽里呱啦讲着话、被油污染得黑不溜秋的师傅们，自然就像见到奇珍异宝一样聚集了过来。我不禁有些担心：虽说任由他们处理，但也不希望书架被沾上油污。"啊，刚才是碰到了不需要焊接的地方吧。"才这么想着，就发现整个书架都已经沾满了油污。而此时，师傅们拿起脏脏的抹布准备擦拭一番，我只能赶快挡在书架前制止了这一行为。

之后就是刨削、焊接等。看着四处飞溅的火花，我着急得都想哭了："展览啊，就是明天了吧……"

焊接完毕之后，我就想着带书架赶回会场，再花上一整晚把师傅们沾上的油污处理干净，重新进行涂装。本以为这样就万事大吉了，怎料到了会场才发现，之前委托的板墙并没有搭好，而且工作人员还有理有据地表示"会有扬尘，所以不行"。于是我们只能快速改变展览布局。但总要有一些隔断才能做成展览分区，所以我又去附近买了些布料。等到差不多做好时，想起来筒灯应该送到了，便去确认，得到的答复是："已经到了呢，你看——"我朝着手指的方向望去，意外地看到一堆灯泡……哎，不如做成庙会小吃摊那样吧……可完全不对嘛。

我们只能再去拜托附近的电器店，预计可以赶在开幕前完工。然而，不久后竟被告知因为"人们都聚集过来了"而需要提前两个小时开幕。我是在参加竞走比赛吗？

另外，就像我前面写过的，我有受到一点点刺激就会腹泻的"玻璃肠胃"，生活中也是以"保护胃肠环境更甚于地球环境"为座右铭，完全不能忍受空腹工作。所以为了赶工，自己在深夜两点猛吃了一通印尼炒饭，导致整个人上吐下泻。参观者涌入会场的时候，我们还没有布置好展台；但比起这个，我却更想冲向卫生间。此时此刻，脑海中浮现出了一句日本足协才会说的话："绝对不能小瞧亚洲啊。"

总之，无论在欧美还是国内，站在不同的比赛场地上，参赛者都要做好毫无优势、背水一战的心理准备。而不管什么时候，"一边撤退一边战斗"是设计师必备的能力……

啊……
就要撑不下去了啊……

眼泪

垂头丧气的三兄弟
2011.03

照片：HAYASHI Masayuki

dancing squares

豆芽菜小孩的律动

我曾经被问到，以前是不是从事过体育。虽说有身高优势在，但我完全没有弹跳力，无法发挥这一优势，向来与篮球、排球之类引人注目的竞技比赛无缘。"也就是高中时加入过赛艇部。"我只能这么回答。而对方听到这个比想象中更小众的运动，也会无比困惑。这时不要说推进话题了，根本就是一片静默。

事实上，我的父亲、兄长和叔父都在早稻田大学或附属高中加入过赛艇部，可谓是"早稻田大学赛艇部之家"。这个传统就这样延续了下来，还没等我意识到什么，就已经开始划桨了。说起赛艇这种运动，电视剧《以爱之名》中甚至将它与哈雷彗星周期相提并论，可见有多小众。高中生的参赛人数，也就相当于八丈岛[1]的人数吧。哦不，可能还没那么多。坐在与臀部差不多宽、外观像水黾的船上，拼命地划水竞速，着实相当原始。

赛艇常常和橄榄球、高尔夫并称为英国绅士运动，但我们本就不是英国人，不擅长这些也无可厚非。要说能联想到什么的话，恐怕还是"奴隶船"多一些。虽说还不至于坐到呕吐，但口中充满胃酸的情形也很常见；而那种竭尽全力到几乎要失去意识、两眼一黑的状态，也不是什么新鲜事。因为比赛总在水上，所以也常听人说"夏天的话会很凉快吧"；但真实情况却是，当水面反射形成双倍的太阳光照之后，简直如同身处"烈火般的地狱"。

在位置安排上，既有掌舵的舵手，也有在前面把握节奏的后桨手和在尾端调整船身平衡的前桨手[2]。多说一句，当时担任舵手的 Oniki 和担任后桨手的 Ito，到现在还和我一起工作。在设计事务所工作也有体力不支的时候，但我们三个都觉得，比起赛艇比赛还是小巫见大巫。这么说起来，我们这样不顾刹车失灵而继续工作着的事务所，也是十分危险呢。

那时候练习的场地是埼玉县户田公园内一片全长 2 km 的内河水域。不过作为高中生，总是比较害怕大学生和公司团队，常常把赛道让给他们，我们也渐渐被培养成了缺乏好

---

1. 八丈岛，东京管辖的一座小岛，人口不足 1 万。——译者
2. 赛艇时，队员背对着前进方向，这里的前后指的是队员面向的前后。——译者

胜心的"草食系选手"。但我们的这些对手们，因为习惯了内河的风平浪静，再去外面的河川、海域等场地，速度就会慢得令人瞠目。而且由于他们平时都是在 2 km 的赛道中往返，没有长距离行进的经验，每到赛程后半段就会变得非常弱。这样一来，我们可以不受其他船只水波的干扰，望着对手的背影（船是向桨手后方行进的）遥遥领先。在全东京的比赛上，我们也一直以这样的成绩获得压倒性胜利，当然参赛的学校也不过 4 所而已。但是到了全国高中综合体育大会和国民体育大会上，不要说"遥遥领先"，完全就是铩羽而归。而这种似乎不值得一看的平淡比赛，总让人觉得是东京发育不良、弱不禁风的"豆芽菜小孩"。

但就是这种无趣至极的比赛，也会让人生出一年才难得有一次的感动。这就是所有桨手屏气凝神同步划桨的瞬间。它不同于普通的"合得来"，完全是另外一种整体感，在高中生身上并不多见。那个时候，船体似乎可以不受水的阻力，在水面上方 1 cm 的高度飞行。当然，这种速度属于超水平的发挥；但对这种飞行感的追求，也可以应用于现在的设计工作之中。也就是说，如果所有项目相关人员各司其职，步调一致，就可以做出凭一人之力绝对无法实现的有趣设计。

在新宿伊势丹百货的"ISETAN JAPAN SENSES"策划展上，展出了我们和 more trees 合作完成的木铃铛。more trees 组织由坂本龙一发起，他们通过使用疏伐材开展保护森林的活动。目前，我们设计出来的这些铃铛已经交给了 50 组艺术家，它们将会得到改造并被展示和销售。这不禁让我对某种"飞跃"心生期待：最初由自己创造出来的东西，在经过别人之手后很可能会变得更加有趣呢。

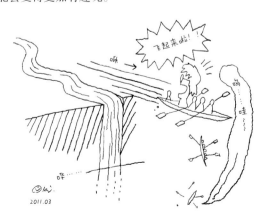

bell-orgel

禁断之刀

"不设计"理念一度在设计界掀起一阵浪潮，从那时候到现在，也有四五年时间了。

历史总是在重复上演。建筑大师勒·柯布西耶的"住宅是居住的机器"、密斯·凡·德·罗的"少即是多"广为流传，"功能美""极简主义"等禁欲主义表现流派也曾经反复登场。但这一次不仅是去掉了所有不必要的装饰性要素，更是踏入了从未涉足之处：不设计的设计。客户听了都会脸色煞白吧。假如存在不做料理的料理人、不予以辩护的辩护律师，同样也会相当令人厌恶。

但实际上，这里说的"不设计"是指设计师的业务横跨多个领域，如日程安排、预算规划、质量管理等，绝非不工作的意思。这就像在棒球中，投手"甩不了腕"和"随手一投"，二者并不一样。不用腕力是不可能把球投出去的，而随手一投就算真的把球投进了捕手手套也是有意为之。总之，"设计形态不代表全部"这种理念已经成为一种趋势，并且在飞速地发展着。

如果将"不设计"解释为"无形的设计"，听起来或许就顺耳多了。整理信息是设计，凭直觉行事、融入空间环境也是一种设计，自然界中存在的模棱两可也与设计有关。说到底，设计就是配角、润滑油或黏合剂。

只不过，一旦大众以通俗易懂的方式理解了设计师的社会意义，设计师就会开始自我陶醉于这种魅力之中，像中了自己的毒的河豚一样。

当然，现在再来谈论这种理念，已经没人觉得有什么不对，在此不得不佩服第一个提出来的人。只不过，如果这种概念变得像空气一样无所不在，就要稍稍注意一下了。最先受其所累的必然是学生，因为他们尤其敏感，情感也相当丰富。事实上，常常可以看到学生在这种理念支配下设计出来的作品。例如某学生做了一张带有一条细长凹槽的桌子，解释道"为了不让铅笔滚下"。原来铅笔滚下去这件事，会让人这么困扰啊？第二次拿来的桌子上则是一个圆形凹槽，学生表示自己设计了一处可以放置咖啡杯的地方。再听听解释："看到这样的凹槽就会不自觉地想放个杯子上去，是一种促发行为的设计。"

日本国土是很小，但记忆中我也没有为放一杯咖啡而苦恼过——好吧，大概是我总埋头于一些别人不注意的问题。不过最近，我也开始强烈地感觉到，亚洲各国的设计师都受到了这种趋势的影响。

我常常不问潮流，但有时候在海外项目中和新锐设计师较量时，也会觉得单单看外观就定了胜负，自己根本无法与之相比。最后导致整个人没了底气，要么迅速抽出那把"不设计"的禁断之刀来做掩饰，要么就变得没法理直气壮地陈述自己的设计理念。所以说，就算是毒药，"仔细阅读注意事项，按照用法用量正确使用"的话，也没什么不好吧。至少还能自信一些。

说着说着，才发现一年一届的设计大典——米兰家具展已经迫在眉睫了。2011 年除了给 12 个家具制造商设计用以发布的新品，还要在米兰市内一间小画廊举办个展。另外在中国台湾，还有一场由地方行政主管部门主办的展览，其中的会场设计也交给了我们。早已累得气喘吁吁了。

在米兰家具展上，我们发布的新品之一，就是为意大利 Foscarini 公司设计的吊灯。虽然只用了两片薄钢片卷合而成，但当中央灯泡亮起，一边是从缝隙中漏出的柔和光线，另一边是直接打向下方的强光，两种对比鲜明的光效便成了这盏吊灯最大的特色。

虽然个人觉得，自己只是设计的步骤较为简单，并没有过度简化；但早前听闻业内人士常常会用"简单而美观"和"极简的优雅"之类的评语来评价我的设计，这不禁让我想到恐怕自己也是中了河豚的毒，竟然变得有些不安了……

更多信息：Foscarini, www.foscarini.com

噍！！

黄油刀

2011.04

照片：HAYASHI Masayuki

maki

小小的不好吗

在学习素描时，常常被教导要多使用腕部，不过我总习惯捏着削短的铅笔画画。不知道是不是这个原因，我特别喜欢小创意，也会对别人不注意的、看似无聊的事情投入巨大的热情。回过头来看自己之前的作品，大部分也不是那种动感十足、体积庞大的东西。消极地说，或许这反映出了作为设计师的我"气量之小"吧。

虽然学生时代学过建筑设计，但那个时候，老师总说要在尽可能高的地方俯瞰事物，在更大的范围内全面地考察。譬如，应该先想想在都市中建造什么样的建筑比较合适，再考虑与那种建筑相匹配的房间应该是什么样子的，其次才是那个房间里的餐桌，以及在餐桌上可以使用的餐具。总之都是用这种自上而下的方式在绞尽脑汁思考着创意。

但是，我个人习惯从小的事物开始思考，然后慢慢发酵膨胀，最终上升到设计对整个都市的影响。这种不断扩张的过程类似于病毒的繁殖，或者也可以说像混沌理论中的蝴蝶效应：蝴蝶在北京扇动一下翅膀，有可能会引发纽约的一场风暴。

例如，京都、纽约网格状的城市布局，以及东京、巴黎辐射状的城市布局，包括其中公共设施的配置、商业和住宅的用地分区等，整个规划确实如同以上帝视角创作而成的。但如果是秋叶原这样的街道，形成过程就会完全不同，甚至是恰恰相反。

秋叶原过去是一条电器街，仅有一些独特的兴趣爱好在地下室慢慢萌芽生长。这陆陆续续地引来了一些志趣相投者，最终在众人的参与下，秋叶原竟发展为一处日本典型的个性街区，如今在海外也备受瞩目。这种自然形成的场所相当罕见，可以说很接近原始聚落的形成模式。而这种结果是无法通过自上而下的方式实现的。相对地，可以看到，无论政府怎么努力，做出来的东西总给人相差无几的感觉。不管去什么样的偏僻乡村或郊区，站前的商业街看起来都似曾相识。在这个意义上，我觉得秋叶原本身就是很了不起的设计。

这里或许应该说一说媒体的变迁。过去各种信息由大众传媒提供并传播，但到了现在，像 Twitter、Facebook、YouTube 之类的自媒体发展迅速，一旦某人发布了一条爆炸性新闻，通过别人的转发，信息很快就会扩散开来。这是个名副其实的"口口相传"的时代。这个时候，就连身边的小事都有了关注的价值，也具备了很大潜能。

而我所设计的产品中，最小的莫过于给 Elecom 公司设计的耳机。Elecom 公司主要制造并销售鼠标、耳机、键盘等电脑配件，不过对产品设计尤为上心。除了耳机，nendo 也参与过由鼠标、手机配件等多个产品组成的精选套装的设计。其中的第一弹，就是 otokurage。外观上就是将入耳式耳机的硅胶套延长到覆盖住耳机本身，摸上去有着十分柔软的质感，佩戴起来也很舒适。

尽管这个设计并不复杂，但它却像极了水母：拥有独特的透明感，可以更改尺寸的硅胶套仿佛是能够自由改变外形的水母本体。通过变换耳机和硅胶套的颜色，还可以轻松搭配出个性化的组合。另外再加上与这一概念契合的塑料瓶，就成了一整个耳机套装。虽然产品很小，但是极其讲究。我不知道这种设计是否可以延伸应用到什么领域，但只要有一个人可以理解我的设计，体验到这种感觉，我就很高兴了。

更多信息：Elecom 股份有限公司，www.elecom.co.jp

图片：IWASAKI Hiroshi

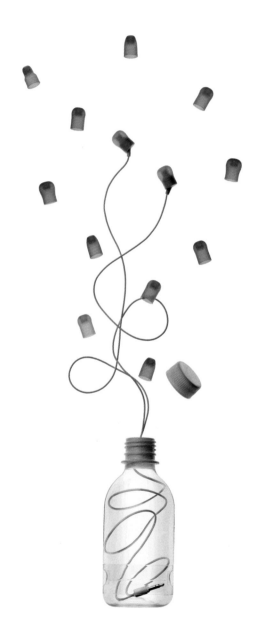

otokurage

想在卫生间里发呆

不知是不是因为太忙的缘故，一有空闲，就喜欢一个人发呆。要是陌生人看到这样的我，误以为是"在一边自问自答一边沉思，一看就是聪明人"，倒也不错。不过事实上，我只是单纯地在发呆。

至于发呆的地点，大多是卫生间、浴室、飞机舱之类封闭的空间。而每每发起呆，做事情也会变得恍恍惚惚：用沐浴皂洗头，头发被搞得毛毛糙糙；润发乳抹到了腿上；出卫生间的时候担心有没有拉上拉链，啊不对，应该说更担心没有冲马桶而会立马跑回去……说起来，这差不多是早衰的症状了。偷偷说一句，至于有没有过忘记脱裤子就直接完事儿，我心里还真没个准。

再来看自己这一系列奇怪的行为，果然印证了"人不能三心二意"的说法。日本的故事里二宫金次郎[1]能够一边砍柴一边读书，但我想他怎么着至少也跌倒过一次。至于小学统一进餐时，听到有些小家伙声称"我可以一边挖鼻屎一边吃饭哦"，完全就是两码事了。

那些看似可以多线程思考的人，其实只是能够快速地整理信息、解决问题，绝非能够同时处理两件事。相反，他们一定会有条不紊地依次完成手上的事情。

设计中有时也需要同时思考两个要素。但严格来说，其实是在两个要素之间超高速地来回穿梭，以保证二者的平衡。而这两个要素所代表的，就是"右脑型设计"和"左脑型设计"。

"左脑型设计"显然就是用左脑进行思考判断。这种情况下，设计被各种理论包裹，例如产品的性价比、制作的精细度、技术的独特性、材料的稀有性、与品牌相关的历史背景或奇闻趣事等。所谓左脑型设计，便是希望消费者在通过数字和文字理解这些内容后被感动。

"右脑型设计"则是让人在看到颜色、外观、材质等的一瞬间，就从心底感到激动，

---

1. 二宫金次郎是日本江户时代的思想家，幼年因家境贫寒而干活帮助父母维持生计。在日本，他边砍柴边读书的雕塑十分常见。——译者

以至于起一身的鸡皮疙瘩。这种凭借直觉的设计可以产生类似自然现象所带来的那种冲击。就好像在落日余晖的场景中，大多数人不需要任何专业知识就可以被感动。

大多数设计师可以被归入这两种。在荷兰和日本，有不少擅长巧思精算的左脑型设计师，而在造型上有着压倒性优势的意大利设计师则更多是右脑型的。这里并不是要区分哪种才是正确的做法，只是如果不能了解自己所属的类型而一味地设计，就容易做出失衡的设计。

而我自己，按照前文所述，应该是能够在两种设计的夹缝中来回穿梭的那种。不过我希望未来能够根据现有条件来控制精力的分配，也就是左右兼顾。说起来，这与啤酒中的清和醇也有些相似。

最近我们在米兰一间小画廊举办了个展，展示了几件利用了特殊材料制作的实验家具。其中有一张用"透明木材"制作的桌子。它需要先将亚克力材料倒入带有木纹的模型，经过塑型，做成连侧面都带有木纹的类似木板的材料；再利用类似地板的边缘处理和连接的方式，做成这张桌子。不过，就算抛开这些专业性不谈，小孩子见到这个产品也会觉得很有趣，而这就是我们的目标。

可以说，如果只有左脑型设计，就无法在作品中表现出右脑型设计所产生的美感。为此，我在制作中常常会感觉到，有两个自己在交替着设计验证，让人眼花缭乱，感觉右脑和左脑都在拼尽全力，所以才会想让某个脑袋休息一下，去卫生间发会儿呆。当然，会记得先把裤子脱下来啦。

照片：HAYASHI Masayuki

transparent table

上楼的时候

不是说笑，我的双脚真的经常冒汗。别的男人多被义正词严地告知"男人不要结伴"，而我只会被告知"不要出汗"。皮鞋是绝对不行的，靴子另当别论。就算是运动鞋，也尽可能选鞋帮较矮的。此外，我还始终奉行着透气至上主义。

就算是在开会，只要过了 1 小时，我就得开始脱鞋子。不过为了不让对方发觉，我会把脚放在鞋子上，这样从侧面看也没什么变化。这算是作为社会人士在行事礼节上的一点心得。

接下来要说的，就是比什么都重要的脱鞋时机了。一定要在差不多的时候"抽身"，要是错过了这个时机，后面的汗就会变成异臭了。也就是说，一步失误，就可能再也没有机会脱鞋了，而且事态只会不断恶化。这么说来，可以踩后跟的鞋子真是宝贝。只要稍微拔出一点脚，就可以让空气进入鞋子里面。不过，即便是不能踩后跟的鞋子，也可以尝试那种高阶技能，即在鞋子里面把脚拱起，腾出脚底空间形成通风。只是，你得冒着脚抽筋的风险。

出差的话，鞋子专用除湿包、除臭喷雾、足部止汗剂这三大神器一个也不能少。但麻烦的是，行李也因此变多了。以前在工作室拍摄家具的时候，为了调整家具的朝向，我会穿着袜子在背景白纸上走来走去。因脚底的湿气在纸上留下清晰的足迹，常惹摄影师生气。

另一方面，我很小心地控制着脚底的臭味，但不知怎的，我养的狗狗 kinako 却很喜欢这种臭味。每次嗅过我脱下的袜子，kinako 就会猛地甩头，再把脸贴在地板上，爪子啪嗒啪嗒地拍打起来，全身上下都在表达喜悦之情，就跟触了电似的。在我海外出差回来后，kinako 常常会一头扎进堆了我 20 双脏袜子的袋子里深呼吸，仿佛要把空气吸入肺的角角落落里。见此情景，妻子总是一脸嫌弃。那时候，我就想到了高中时的哥哥。

我和哥哥是同一所高中，同一个运动部，不过比起比赛，哥哥更热衷于思考怎样压缩带去宿舍的行李。那是高三的夏天，在最后一次集训时，哥哥夹着个小包就出现在了集合场地，赢得了全体喝彩。果然是有善始善终之美。

要说压缩行李的方法，通常就是把衣服放在密封袋里，再将空气抽出，就像市面上卖的被褥专用的真空袋一样。不过搬进宿舍后的解压缩通常要花点儿时间，略有些麻烦。有时候一个袋子里装满了穿过的内裤和袜子，原本就咳个不停、一副惨状的哥哥还得给它抽气，不知是身体疲惫还是气味太臭的缘故，哥哥甚至抽得脸色都变白了。终于，哥哥把所有行李都塞进了一个手提袋，一脸满足地说："真是没想到，内裤之类的还会因为汗水变得鼓起来啊。"真是叫人无言以对。

扯远了，回到主题。最近我做了个与鞋子相关的室内设计。客户是运动品牌PUMA。我们设计了一个名为"PUMA House Tokyo"的场地，位于东京青山，现在已经完全布置好了。这是个多功能的空间，可以用于展览、举办活动、媒体接待、健身或出租等。

我们设定的主题是"楼梯"。日常生活中，楼梯是最能够让人切身感受到体力消耗的场所，而且这个概念也很容易让人联想到体育馆的观众席和领奖台。

不过在这里我们设置的大量楼梯，并不是供人上下的，而是作为展示PUMA主力商品——运动鞋的展示架。人们往往会好奇楼梯的尽头会不会有一间房，从而怀着一探究竟的想法继续向里走去。这个多功能的空间还可以立体展示鞋子，这也是普通展示架做不到的。然而，我只是想象着上上下下这么多楼梯，脚底就开始冒汗了。

更多信息：PUMA Japan 股份有限公司，www.puma.jp

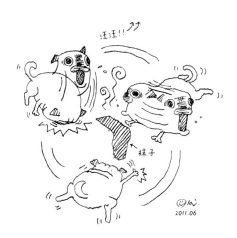

PUMA House Tokyo

魔球[1]！设定规则的设计法

小时候我很喜欢棒球，不过我其实连球都没碰过，只是观战。倒不是因为支持哪个队伍或喜欢哪个选手，只是看到严格按照顺序打位的打者、9回合下来淡然地连续投出27个界外球的投手，就会不禁产生一种循规蹈矩的"业务"感。此外，攻守的站位也很固定。总之，对于这种没有太多意外的竞技比赛，作为观众也会莫名地感到安心。

比赛进行时选手基本无须频繁移动，不，根本就是长时间地一动不动。所以就算吃着晚饭看夜场转播，投手甚至已经站上了投手丘，我都可以淡定地夹点小菜来吃。要知道，看足球的时候可不能这么干。所有人都在跑来跑去，常常有一些突发性的动作或是不经意的攻击，有时候盯紧了看都搞不清状况，在你夹菜的时候球就进了也不是没可能。

大学时，我常常能从附近肉铺老板那里拿到日本火腿斗士队的邀请票，一下课就去东京巨蛋。有一阵，在巨蛋举办的所有比赛中，有一半多我都看过。那时候的日本火腿斗士队和现在不同，不要说新庄、达比修有、手帕王子斋藤佑树等所谓的现役球员，甚至连自己的主场都没有，还得借用东京巨蛋的一角，实在是个不起眼的球队。

吉祥物们做不了后空翻，只能卖力地甩着手；看台上站满了摇旗呐喊的球迷；修学旅行的学生们大叫着"一郎"，惹得躺在一旁醉醺醺的大叔反驳道："罗德队又没有一郎[2]——"比赛结束后，选手们为了回馈粉丝，还会把球投向观众席。只不过有一次，也不知道是否为了早点回去，选手竟用力投了个旋转球，直接击中了正把头扭向一边、没看到球的无业游民小哥，以至于他的眼镜被砸得粉碎。这两边到底都在干什么啊……

但是，这种选手和粉丝步调一致的懒散感却意外地让人很愉悦。要说那些观看棒球比赛的日日夜夜，是不是也影响到了如今的设计工作——当然没有（笑）；不过，因为比赛规则而导致棒球始终具有张弛有度和懒懒散散的魅力，倒是让我想到，如何设定规则对于设计来说或许也很重要。

---

1. 日语中常常用来形容棒球等球类比赛中变化丰富的球。——译者
2. 罗德指的是千叶罗德海洋队，铃木一朗是日本知名职棒选手。——译者

在"无须扇动就可生风"这样的规则设定下，大创公司设计出了没有扇叶的电风扇。创意的发散往往就像这样，只是源于一些简单明了的规则。有的时候，还可以通过避开或巧妙利用这些规则，找到新的表现形式。

最近，受世界最古老的香槟生产企业之一的 RUINART 的委托，我们设计了一个野餐盒模样的东西，盒子里装有香槟、玻璃杯和开瓶器。

我们拿到的主题是"逃离都市"。这里不是指真的逃离都市的喧嚣，而是让人在都市空间内小憩放松，感受片刻的平静。我们从在电线上稍作休息的小鸟的形象中获得灵感，由此设定了一个规则，设计出了不能独自立在桌面但可以依靠细线固定的玻璃杯。

这就像总也不能安定下来、只能在飞来飞去时小憩一下的鸟儿。基于这个规则，我们将开瓶器做成了树枝状，以便于玻璃杯的暂时停歇；整个盒子的提手则是横木的模样。为了配合巴黎的发布会，我们又做了一圈薄薄的吧台作为"院墙"，还有看上去像是聚集着一堆小枝丫的"鸟巢"桌子。这一个个新鲜的设计创意，都是从最初的规则中衍生而来的，而顾客也可以愉快地沉浸在这种和谐的世界中。

但麻烦的是，有一些客人喝到早上都不回去，简直和躺在东京巨蛋里的大叔们差不多。不对，应该说比大叔们还要懒散。不愧是巴黎啊。

更多信息：MHD Moët Hennessy Diageo www.mhdkk.com
售罄之后停止日本国内配送

吧，请给我五花肉，可乐饼……还有下周的欧力士野牛三连战的票。

嗯？

图纸筒兼望远镜

附近的肉铺 1998 年左右

2011.06

Kotoli for Ruinart

就那样叫吧……

上次说到我如何喜欢看棒球比赛，那么，我是怎么喜欢上的呢？前篇发稿之后，我回忆起了自己与棒球的邂逅，不知不觉又写成了一篇棒球逸事。

要说有什么关键原因，不过就是些琐碎的感受，类似于发现某个打法的名字很有趣。而且自己也不会因为看惯了而觉得平淡无味，反而越是冷静地看越觉得有趣。严格地说，也不是有趣，只是在当时，那种无谓的不安和骚动对上中学的我来说充满着魅力。

在棒球比赛中，一旦球触到打者，就会被认为是"死球"。当然，没那么多真的死掉的打者。另外，跑出垒的跑垒员可以"盗垒"，也称为"偷垒"。但看着"偷听""偷拍""偷垒"这样的词毫无违和感地排列在一起，难道不觉得这种命名方式违反了体育精神吗？然而最厉害者还会被誉为"盗垒王"——听起来还以为是多么罪恶滔天的家伙，其实也就是个身材瘦小的选手。有时，试图盗垒的跑垒员还会遭遇投手的"刺杀"……这些表达方式，还真像幼稚的中学生。话说回来，偷盗行为固然不好，不过一言不发就搞突然袭击好像也没什么值得赞扬的。

此外，还有容易让人联想到《跑吧！美乐斯》[1] 中的"跑垒死"。而一听到"封杀"就会想到被毒杀的俄罗斯间谍的，难道只有我吗？"双杀"不就像强行殉情吗？这么一想，果然还有"三重杀"。这人际关系也太纠缠不清了吧。

除了各种各样的"死法"，还有一些不雅的名称。其中有一个"暴投"，但投手只是把球握在手中不停甩手臂，怎么都不能算作是发动暴力的装置吧。至于"邪飞"，听着总觉得是某种在空中飞行的妖怪，然而这只是用来形容无聊透顶的界外球的。

还有一系列"牺牲"："牺牲打""牺牲高飞""牺牲触击"。算我拜托了，能不要再有牺牲者了吗？还有"自责分"——不必那么责怪自己吧。

接下来说说"感觉派"名称，这种类型的命名法让人觉得仿佛回到了幼儿时期。滚在地上的球就是"地滚球"；球从两腿间滚过就被叫作"过隧道"；没接稳球可以被称为"抛沙包"；投手偷偷拿球就是"掩球"。不管哪个都给人一种可以在零食店里买到

1.日本作家太宰治的短篇小说，主人公美乐斯必须在 3 日内跑到指定地点，才能让自己的朋友免于一死。——译者

的感觉。除此之外，还有对打手来说显得不够尊重的"凡打"、让人想到政策失败后下台的政治家的"失策"等。至于两人相继打出本垒打就被称为"双本垒打"，不得不说，原本这个"双"可是另有他意的呀。

还有"再见本垒打"这种直接在名称上加一些问候语的叫法，真是太过勉强了。

就这样，在整个棒球运动中，顾名思义和不知所云的两类名称彻底混在了一起。联想到设计领域，设计师也常常会给自己的作品命名，命名方式同样五花八门。

有不少对名字尤其讲究的设计师。作为日本 20 世纪 70 年代设计师的代表，仓俣史朗就会用一些爵士乐名曲给自己设计的椅子命名，如"How high the moon"和"Begin the Beguine"，或是直接套用戏剧《欲望号街车》中的主人公名字"Miss Blanche"，可见花了不少心思。

鬼才罗恩·阿拉德（Ron Arad）根据给自己作品拍照的摄影师汤姆·瓦克（Tom Vack）的名字，将自己设计的椅子命名为"Tom Vac"，带车轮的那种椅子就叫作"Tom Roll"。现代设计之王菲利普·斯塔克（Philippe Starck）有种很知名的命名方式，就是把项目助手的名字加进去，如"Lorenzo le Magnifique"（神奇的 Lorenzo）。

我自己的话，常常懒得想名字，只要差不多就可以了（笑）。其中有一个最近刚定下的名字，对应的产品就是和 Elecom 公司合作完成的电脑鼠标。

名字非常简单——因为设计理念就是用数据线围出鼠标的轮廓，所以我们就叫它"rinkak"（轮廓）。

更多信息：Elecom 股份有限公司，www.elecom.co.jp

rinkak

哆啦 A 梦？ EVA[1]？ 高达？

听说男性创作者通常可以被分为两类："哆啦 A 梦派"和"高达派"。

最近还多了一种"EVA 派"的说法。总之，这个理论的依据是，年少时的经历会影响日后的创作，类似地，从行事作风中也可以看出分属的派别。

简单来说，就是判断设计到底是"亲切可爱"型的，还是"前卫酷炫"型的。

虽然一直觉得这种简单粗暴的分类法略有不妥，但渐渐地也开始认同。在动画片《哆啦 A 梦》和《机动战士高达》中，两位主人公野比大雄和阿姆罗原本都是没什么出息的少年（《新世纪福音战士》中的碇真嗣也是），只是在偶然间获得了功能强大的"工具"，便克服了从前的缺点，故事也由此逐渐展开。

本不擅长学习或运动的人，偶然获得了设计这样的"工具"而成了一名设计师，或是获得艺术这一"工具"而成了艺术家——这么一想，主人公的经历就和自己的经历重合了起来，甚至在有些地方还能产生共鸣，实在是很不可思议。

2005 年，一场名为"GUNDAM——为了应该到来的未来"的展览在日本全国各地的美术馆巡展，我们也参与了其中的会场布置、图形设计和原创商品设计等。

15 组高达派艺术家们以机动战士高达为题材创作作品，并在展览上发布。这其中包括了会田诚、小谷元彦、天明屋尚、宇川直宏等一批极具个性的艺术家。

这时候麻烦来了。因为相关公司要成立一个高达委员会，对所有提案进行细致的评审，而我对高达却一无所知，更何况提案都是"与吉恩号头部不相称的木制玩具草图""把筷子当作加农炮的钢加农炮形式的筷架""让人联想到黑色三连星的盐、胡椒、七味粉的调味料组合"之类的。现在回忆起那段经历，背后还能感到一股凉意。

还有那种复古的设计理念"顺便一提，七味粉专用小勺参照了圆顶式的光束军刀"，生生给我撕扯出更大更深的伤口，以至于到现在我都记得清清楚楚。

毫无疑问，这些设计方案无法商品化。

---

1. 日本动画片《新世纪福音战士》。

说个完全不相关的事儿。最近我们给吉田公司设计了一套"porter"包的包装。主题是"设计师的工具"，内有 A3 大小的文件包、A4 和 A5 大小的电脑包、笔记本封套、钢笔袋这五件东西。

A3 包可以折成 A4 尺寸，同时还有手提、肩挎、双肩背三种携带方式。电脑包的内袋可以按照顾客喜欢的缓冲材料和板材进行私人定制，缓冲性能和重量也会因此而不同。讲究而不花哨的巧思随处可见。

要说这其中做得最讲究的，就是钢笔袋了。钢笔袋之于设计师的关系，就如同"四次元口袋"之于哆啦 A 梦。这不是说设计师也可以潜入笔袋中，而是说这个钢笔袋像四次元口袋一样，可以轻松地放在任何地方，譬如包包的外侧、笔记本的内侧等。这样一来，设计师带着各种文具也不显累赘，而且无论何时都能立刻取出使用。

之所以这样设计，是希望这样的包包可以成为创造契机的工具，帮助那些有志于在未来成为设计师的"野比大雄[1]"们。

或许一些敏锐的读者已经发现了，要是在那个高达委员会面前，我肯定什么都说不出来……因为我不是高达派，而是哆啦 A 梦派啊……

更多信息：REAL PRODUCE, www.airlize-shop.com/real

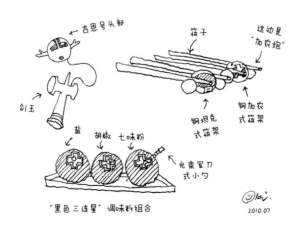

1.野比大雄，简称大雄，是日本漫画家藤子·F·不二雄创作的科幻喜剧漫画《哆啦 A 梦》中的男主角。

onb

适可而止的美学

适可而止的美学——能被这样形容的、恰到好处的设计确实存在。

"不不，那个方案太专业了，您差不多设计一下就行了。"虽然这是客户的要求，但对于设计师来说，做那种差不多就行的设计太没意思了。那种设计，在某种意义上，只要有一些经验和技术知识，谁都能做出来吧。不过这么说起来，我也没有多少经验和知识，恐怕有时候只是因为没办法才适可而止的吧。（笑）

电视电影的情节设计也需要讲究适可而止。如果故事总让观众为角色的感情纠葛担心着急，为极限场景紧张不安，或如果设定的人物总在压制对方或凡事都一帆风顺，恐怕谁都不会想看。就好像正因为泰坦尼克号一开始并没有完全沉没，剧情才显得惊心动魄。

在设计中考虑适可而止，常见的一种方式就是自问"是不是过分设计了"。这种过分与否，取决于设计师自身的意愿和付出的努力在多大程度上通过设计传递给了对方。打个比方，就像有些偶像不愿意让粉丝看到自己的汗水，而另外一些像 AKB[1] 那样的偶像，就会展现出自己全部的热情和苦累，形成和粉丝同在一起的感觉。两种做法都没有对错之分。

不过，我个人更倾向于"不过分设计"的作品。那些作品乍看之下似乎与设计师毫无关联，但仔细观察后便会发现其中对细节的注重，而且使用起来也格外舒适便利。整个作品没有一丝冗余，显得十分清爽。

我们成立事务所后不久，曾为一家瑞典企业设计家具，那时候对方董事长表达了他理想中的设计，即"different, but not too different"（与众不同，但不要过于标新立异）。或许现在的自己也在无形中受到了这句话的影响。

除了"设计的程度"，还有功能性和装饰性之间的平衡、严肃感和娱乐感的占比等。所以说，设计这份工作确实需要能够把握各种各样的度。

如果没有勇气走在边缘上，就无法接近核心。而且，越是能看到事物的极点，就越

1.AKB48 成立于 2005 年 12 月 08 日，是由秋元康担任总制作人的日本大型女子偶像组合，分为 Team A、Team K、Team B、Team 4 与 Team 8 五个队伍。

能注意到黑与白的边界线上，存在着不同程度的灰。工作中有时候也会因此而意外地延伸到其他领域。这种从适可而止的设计中发展而来的"临界设计"，会让使用者感到难以消化，也就是"被卡住了"。

通常我们见到清爽、均衡的设计，转瞬就会忘掉；但那种"临界设计"却像是卡在喉咙里的鱼刺，让人心绪不宁。

在将具有新型功能的产品投入市场时，这种做法就显得尤其重要。虽然不能保证这样可以更快地融入市场，但如果要用商品投石问路，就可以充分利用这种"被卡住"的感觉。

我们曾经做过一款名为"oppopet"的无线鼠标的设计，那就是种适可而止的设计。外观如同带有尾巴的动物，可以拔下的"尾巴"就是 USB 接收器。将它插在电脑上后，鼠标就成了极其简洁的样子，看上去就像有只小动物正在潜入电脑内部。

乍看之下，会觉得 nendo 做了个傻里傻气的东西，但实际上这个方案是在仔细考虑了使用感受、制作成本和市场倾向等因素之后，才最终成形的。

嗯。没想到工作起来非常认真呢。（笑）

只是，虽然我也想说，这是个看着傻却很讲究适可而止的设计，但也有人会觉得拔掉了尾巴血就"止"不住了啊……

更多信息：Elecom 股份有限公司，www.elecom.co.jp

oppopet

帽子的技艺

看待设计的方式因人而异，我更倾向于观察设计的边缘。

这是因为，设计师往往希望你留意那些边缘地带。于是你会看到，不同机型的手机，四角的厚度和弧度都不一样，而同一款手机的不同组成零件在处理方式上也会有所差异。

通过切下边缘，加入其他材料，机身看起来会更轻薄；针对高龄人群和孩子的产品会体贴地使用柔和的曲线；看似方形的按键，实际上四边都带有弧度，再将按键表面稍稍凸起，贴合周围缝隙，最终就有了舒适的按键体验。

这些细节通常会根据不同制造商的喜好来调整。有时候，就算某个公司的设计师在展示自己设计的家具时隐去了名字，也可以从边缘的处理方式上看出点名堂：啊，像是那个家具公司的风格呢。

在设计杯子和餐具时，接触嘴部的边缘形状的差异，似乎都会导致食物味道发生变化；而桌面或置物板的厚度和四角的弧度，也会对房间氛围产生影响。设计建筑或室内空间时，不可能像工业产品那样，将某个单独的部分一体成型，而在拼贴瓷砖、地板等尺寸固定的材料时，又会产生很多接缝性质的边缘部分。

可以说，设计师的能耐，体现在他们处理边缘的方式上。有趣的是，一旦带着这种视角，就会开始留意魔芋、豆腐的边缘在最后成型时的样子，炖菜时会切开蔬菜、露出剖面，以免将其煮烂，还会发现在咖喱中煮着的食材的正在变化，具有河滩鹅卵石那样的曲线……诸如此类无关紧要的事情都被看在了眼里。

在"平田的帽子"展览上，汇集了帽子设计师平田晓夫过去70年间创作的作品。我们在设计会场布局时，考虑到平田晓夫先生设计的帽子都是一点一点经手工制作而成的，便大量使用了与之相反的压制成型的不织布帽子，将其作为空间背景，突显位于中央的平田晓夫先生的帽子作品。这些白色无纺布帽子像幽灵一样，在通风设备轻风的吹拂下，微微晃动着。它们既可以拼成展台，又可以作为墙壁和天花板，同时它们也把光线柔和地散开。整个空间一共用了大约3000顶这样的帽子。

这个如同云层中的"无边缘"空间，没有明确的参观顺序，也没有展台，参观者可以自由地漫步其中，欣赏每一件展品。

我在为各种各样的参观者讲解的时候，发现不论是把这个项目介绍给三宅一生先生，还是被90多名警卫包围着的皇后，他们都带着柔和的神情享受其间，这一点令我印象很深。

展览结束之后，将近90岁的平田晓夫先生轻声对我说："我终于从70年的梦中醒过来了。这是最后的也是最好的一场展览。"听到这样的话，我并没有感到欣喜，反而有一种莫名的伤感向我袭来。

能够以设计呈现前辈的技艺，我当然很高兴，但心中却不希望前辈就此隐退。明明还神采奕奕呢。（笑）

这次在感受到设计力量的同时，我也头一回意识到，自己竟然完成了一项与自身能力并不匹配的重任。

设计界常把前卫的设计形容为"新锐"，那么这个尽可能给人带来舒适体验的帽子会场，应该算是名副其实的"圆滑"了。

照片：ANO Daici

"平田晓夫的帽子"展

nendo 的办公室

6 楼

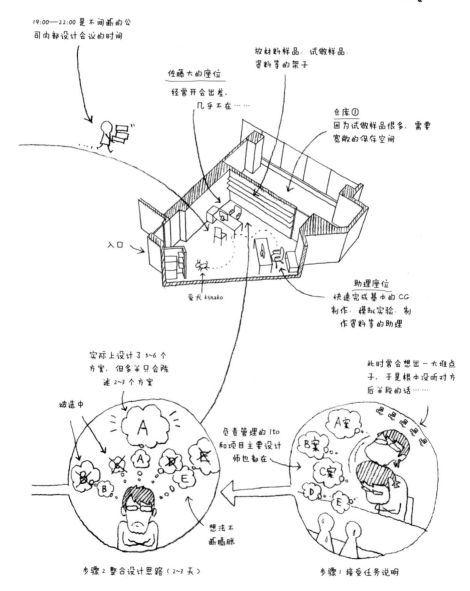

19:00—22:00 是不间断的公司内部设计会议的时间

佐藤大的座位

经常开会出差，几乎不在……

放材料样品、试做样品、资料等的架子

仓库①
因为试做样品很多，需要宽敞的保存空间

入口

爱犬 kinako

助理座位
快速完成基本的 CG 制作、模拟实验、制作资料等的助理

实际上设计了 3~6 个方案，但多半只会陈述 2~3 个方案

被选中

此时常会想出一大堆点子，于是根本没听对方后半段的话……

负责管理的 Ito 和项目主要设计师也都在

A 案
B 案
C 案
D 案
E

想法不断膨胀

步骤 2 整合设计思路（2~3 天）

步骤 1 接受任务说明

5 楼

一旦工作空间不够，就会在限期内借用大楼里其他房间（业主先生，谢谢你）

将模型送往海外

嗡嗡嗡

切割机

喷墨打印机

各种 3D 打印机

模型工房

实习生座位

产品人员座位

喷涂室①

入口

茶水间

设计师可以在这里热热饭菜、泡泡咖啡。海外实习生也在这里烤鱿鱼丝，于是就被大楼业主训斥了。

等分隔断的设计

图形人员座位

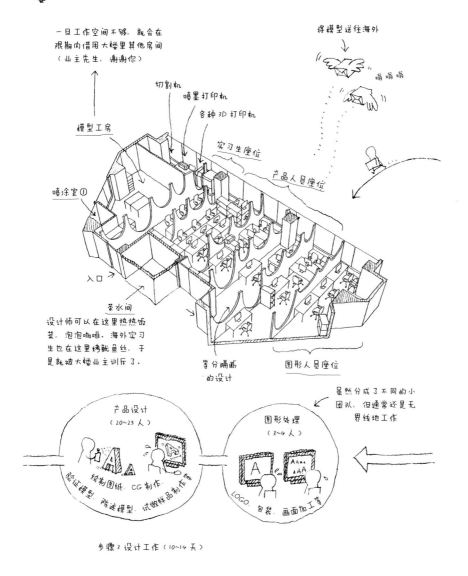

虽然分成了不同的小团队，但通常还是无界线地工作

产品设计（20~23 人）

验证模型、绘制图纸、CG 制作、陈述模型、试做样品制作等

图形处理（3~4 人）

LOGO、包装、画面加工等

步骤3 设计工作（10~14 天）

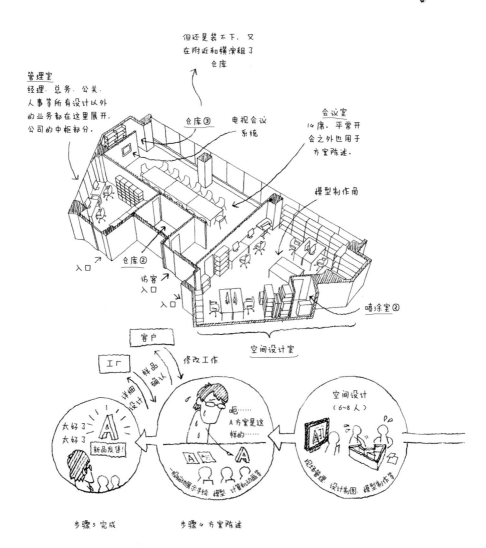

4楼

但还是装不下,又
在附近和横滨租了
仓库

管理室
经理. 总务. 公关.
人事等所有设计以外
的业务都在这里展开,
公司的中枢部分.

仓库③   电视会议
              系统

会议室
14席. 平常开
会之外也用于
方案陈述.

模型制作角

入口

仓库②

访客
入口

入口

喷涂室②

空间设计室

客户

工厂

修改工作

样品
确认

详细
设计

太好了
太好了

新品发售!

呃……
A方案是这
样的……

步骤3 完成

步骤4 方案陈述

空间设计
(6~8人)

步骤管理 设计制图. 模型制作等

102

竹子冲击

海外出差一如既往地频繁。最近，负责管理的 Ito 发现手部皱纹无端地变少了，皮肤也奇妙地舒展开了。"咦？怎么还返老还童了？"话音刚落就意识到，其实是全身肿胀了。仔细一看，连手表和鞋子都显得紧绷绷的，简直是实现了乘坐商务舱却患上了经济舱综合征的壮举。

一边是这样的事情，另一边每天还要应付海外的客户。其中就有一个台湾工艺研究所的"Yii"项目，旨在请海外的设计师和台湾的工匠共同开发家具，激活台湾的传统工艺。

我原本想象的，是像之前在米兰家具展上那样，把以康士坦丁·葛切奇（Konstantin Grcic）、坎帕纳兄弟（Campana）等为代表的世界各地的设计师聚集起来，在主会场之一的米兰三年会展中心发布各自的作品。那倒是不错。

去年夏天，我接到来自台湾的委托，希望用竹子来制作家具。为了让我们更好地了解竹子，对方还邀请我们前往台湾参加三天两夜的集训。实际去了才发现，原来就是和竹工匠、当地行政主管部门的人员一同乘坐微型巴士，去竹山参观学习。

坐在我旁边的哥们像是男同性恋者，这让一向更招同性喜欢的我感到惶惶不安。参观学习过程中，我们会定点下车观察，此时竹工匠就会告诉我们"那边全是竹子"。当然了，不管从哪儿看，怎么看，本来就是竹子啊。

倒是看到另一侧树林中长着的黄色果实时，我和 Ito 异口同声地喊出："啊！那不是香蕉嘛？！"把大家吓了一跳，纷纷露出一脸的不解。这可不是"只见树木不见树林"，而是"只见香蕉不见树林"了。而就在我笑眯眯地望着香蕉的时候，刚才说到的那哥们正在笑眯眯地望着我，这大概可以说是"只见佐藤大不见树林"了吧。

"没关系，明天跟我走的话，可以吃到很甜的香蕉呢。"听到对方这么说，老实讲我一点都高兴不起来。竹山参观学习之后就是品尝竹料理，但这和设计有什么关系吗？正想着，从笋干模样的东西到类似粽子的食物，都一一上了桌。这么下去，我倒是希望能接到用牛肉制作家具的委托了。

这之后，就是参观 10 间左右的竹工匠的工坊，然后结束行程。工匠们和政府人员都一副收获满满的样子。不过几个星期后，他们就是另一副表情了。

那是在方案陈述的当天。我的提案是"完全不使用竹子的钢制椅子"。全场立刻惊呆了。空气里仿佛都飘着这样的话："这人真的只看到香蕉了吧？"于是我开始解释，"竹"这种东西并不具备优越性，加工处理竹子的工匠的技术才有价值。

而具体的方案就是，以随处可以廉价买到的、和竹一样空筒状的钢管为制作材料，利用竹子的加工技术进行批量生产。我的设计理念，就是首次实现台湾手工艺的工业化。瞬时，大家的脸上出现了理解和认可的神情，甚至可以说，立刻变成了那种"早就在等着这个方案呢"的感觉。此外那位让我敏感的哥们，还送了我一串香蕉。

在现有的条件下思考如何给出最好的回答，对设计师来说当然很重要；但当条件发生变化时，就有必要想出一条新的逻辑。

虽然这一方案有些冒险，但实际上却是一个最终让所有人都满意的方案。就这一次而言，便是"不用一竹而尽显竹韵"。或者也可以说，是"只见树林不见树木"吧。

照片：HAYASHI Masayuki

bamboo-steel chair

不擅长方案陈述的理由

我向客户做方案陈述的频率大概是每周 3 次，这对于一向不擅长汇报的我来说简直不可思议，却也无可奈何。我还尤其不擅长使用投影仪，总是把内容印在 A4 大小的纸上，一张张排在桌上展示出来。

说到原因，则要追溯到学生时代。在毕业论文的答辩会上，不知为何准备的幻灯片每一页都丢了链接，导致我什么都展示不了。于是在一片黑暗之中，我用了 30 分钟，把整个建筑规划方案表述了出来，这种形式的方案陈述在当时也算是前卫了。也不知是不是早稻田大学胸襟宽广，就算这样也让我毕了业，只能说这是个小奇迹。

除了这个心灵创伤之外，我不想用幻灯片还有其他原因。首先，房间暗下来之后就看不到对方的表情了。但对于设计师来说，对方的一举一动都是很重要的信息源，必须捕捉到他们的神情变化。而用纸来展示的话，为了看到资料，对方就算人多也会聚集过来，这样所有人的反应就一目了然了。此外，这样的嘈杂感也可以让对方放下顾忌，更自由地打断我们这边的发言，继而引出更直接的意见。

投影仪的另一个不便在于，它决定了观看的顺序。举个例子，如果根据 A 方案的反应，想中止 B 方案的展示，或想倒着进行展示，这种随意变更就无法实现；另外也不能把多个方案并列在一起进行比较。而且除了计算机动画和图纸之外，还有模型、材料样品等许多可以用于陈述的工具，若是不能同时展示出来，也就没什么意义了。

稍稍跑题了，总之我认为应该在陈述时随机应变。事前准备也是一样。工具的类型、提案的数量，每一次都有所不同。如果把数十种变化同时展示出来，就可以在现有方案中立刻选一种。始终记得，要尽可能灵活地调整表现方式，让双方认识达成一致。配合陈述的资料也应做得简洁一些，尽可能减少文字内容，仅仅用一些手绘图和关键词，给对方充分的想象空间，使其沉浸在我们的设计方案之中。

至于整个设计团队，一定要有相同的概念，迈着相同的步调，朝着相同的方向前行。否则，长时间的创造过程就会在某个环节松动。我也必须把握整体情况，要比任何人都清楚最终的完成形态。不过有的时候，也会出现自己都想象不到的设计。

特别是在使用新材料、新技术的时候，或是任由工匠发挥的时候，设计更多的时候是对未知的尝试。别人往往也很难理解这种做法的魅力。我们曾在四座城市举办个展，2011 年 10 月在伦敦、11 月在纽约、12 月在东京，2012 年 1 月在巴黎。展示的作品中就有一个用亚克力板制作而成的书架。三层网格状的架子交错相接，放在其中的书就如同被蜘蛛网粘住了。通过亚克力材质的反射，书架对面的景色像万花筒一样扩展开来，这种视觉效果成了整个设计方案的一大特色。

但实际上，这是连我自己都没有想到的效果，展览商方面也表示"实物比方案陈述时的感觉还要好"。听到这个评价，我也不知道是应该高兴还是不高兴。每次为了向陌生人展示新创意，总需要根据情况找到新的表达方式，这并不容易。而要找到某种方法，表达自己都无法想象的设计效果，更是难上加难。

一般来说，反复做同样的事情，总能得心应手一些；但对我而言，每次设计都是"初体验"，因此完全不擅长方案陈述也是情有可原的。以上，就是今日所说的理由。

照片：HAYASHI Masayuki

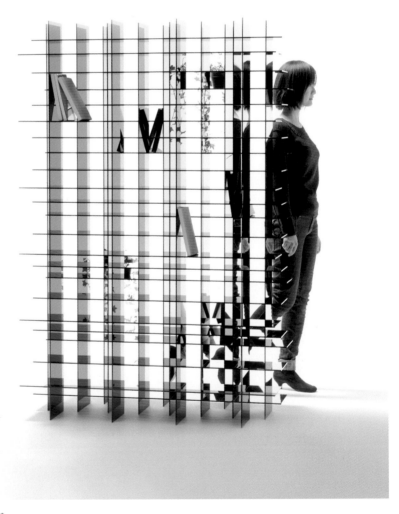

scatter shelf

学校教不了的事

"如何预测无法预测的事情",听起来有些矛盾,但设计师却常常要面对这样的问题。不同于分析过往数据、进行逻辑预测的营销手法,设计师的预测需要凭感觉把握过去的事情,再结合当下的状况和时代背景,先人一步想象到未来的样子。然后,再把这种想象具象化。因此,在设计师大脑的一角,常常存在着对"明天会发生什么"这种问题的幻想。

在操作具体项目的时候,即使已经有了大致框架,还是要写下详细的概要书。这是因为,无论事前做了多么详尽的准备,非常规事件总会发生。

最近,我们设计了一款有着回形针外观的 U 盘。虽然东西很小,但设计过程中还是发生了各种各样细节上的问题。例如,一开始设想的金属材料在中途被否决;因供应方情况导致 USB 类型变化,于是得调整设计方案;考虑到回形针的柔软性和强度,决定仍使用一开始的材料,但这样又需要对外观做些改动;等等。

虽说这种情况并非完全出乎意料,但根据项目的不同多少都会有些令人疑惑的状况。这里有一个"7:3"的比例,7 是可以预测到的,3 则是即便发生了什么也不会觉得不可思议。例如,突然之间交货期缩减到了 1 周,没有开任何内部会议就把预算降了一半,或是最初的前提条件有了 180 度的反转,总之一切皆有可能。不过既然已经有了"3 成可能会发生什么"的心理准备,当事情真正发生的时候,就能够从容不迫地应对。如果什么都没发生,只会觉得自己太幸运了。

而这种心理上的游刃有余,以及针对可能发生的突发状况提前做准备,都与设计师的能力有关。做出漂亮的计算机动画画面、掌握技术性知识,这些能力都与外行人理解的差不太多。毕竟活跃在社会上的人至少都有一定水平,即便专业不同,也不存在优劣之分。反而那种应对意外事件的能力,是可以分出高下的。

但让人感到困惑的是,这些并不能从学校中学到。我也曾在几所大学教过建筑设计、产品设计,简单来说,学校中的学习就像足球运动中的对抗练习。

要把静止的球踢进球门，努努力都可以做到。但如果以这种程度毕业，并立刻进入社会，难免会碰到意外，也无法发挥所有实力。这是因为，足球毫无规律地滚动，如果踢球时不与队友保持联动，就会被对方球员严重压制。有时候，雨水还会让地面变得湿滑，此时若受伤或身体感到不适，都会导致无法参赛。

这就像晚上去小酌一杯时说"我知道自己的酒量"，但你终究不能提前训练或想象酒醉的那一刻，所以要如何判断喝倒的极限呢？

遗憾的是，学校只会给出固定条件下的课题，教授赢得漂亮的方法，以至于让人觉得认真学习、成绩优秀的学生很可怜，仿佛是被批量生产的稽古场[1]内的横纲力士。但全世界的设计师们都是相当"狡猾"的，他们会在体力不支时依旧连续射门，开足马力扭转劣势局面。甚至还有那种猛士，连不利的条件都可以灵活利用。

这就是为什么在海外会有很多公司希望与设计师合作。它也说明了这样一个体系：设计师需要参加各种比赛，积累大量经验，反复试错，在这个过程中成长起来。

就算不能参加一线的比赛，还有大把的二线项目，所以年轻设计师完全有机会习惯"泥地混战"。反正我自己就是这么摸爬滚打过来的。说起来现在的我应该满身是泥了吧……

更多信息：Elecom 股份有限公司，www.elecom.co.jp

新人设计师借酒浇愁时的好搭档 "炒鳕鱼肝"

那个时候如果这样就好了……

要是做了就好了……

2011.10

1.稽古场，即相扑训练场，并不是竞技场。横纲是最高等级的相扑力士。——译者

照片：IWASAKI Hiroshi

DATA clip

"兔子"设计师和"乌龟"设计师

上次说到了培养设计师的困难，那么，到底应该如何培养呢？这里我就再用一篇拙文回答一下吧。

简单点说，在学校学习的多是理论知识，年轻人应该尽可能多地参与到实际项目之中。有了这个大前提，才能开始讨论设计师的培养方法。

首先要明白，主要的决定因素并不是个人的天赋或技巧，而是性格和动机。

当然，人总有擅长或不擅长的一面。众所周知，训练时的主要分歧点之一，就在于应该更重视长处的发挥还是短处的补足。有人说短处会阻碍长处，也有人认为更有必要建立个人的压倒性优势。

设计师常常在后者上做得更好。有志于成为设计师的年轻人，一开始大多不是为了金钱或社会地位，而是希望纯粹地享受设计的乐趣。对他们来说，补足短处的过程大概也是无趣的，正所谓先有喜欢才会擅长。而就算没有变成个中高手，自己也可以在尝试有趣事情的过程中成长为一个思维活跃的人。

另一个原因则关乎设计师这个职业的特殊性。设计师观察事物的视角常常不同于普通人，可以说，他们的工作就是寻找独特的切入口。既然如此，若是"和别人一样"，可就不妙了。所以，比起平衡自身的各项能力，给自己添置一套能够突显优势的专属武器，才更容易形成差异。

除了长短处，设计师还有觉醒型和阶段型两种成长模式，也可以概括为"兔子和乌龟"。觉醒型是指设计师因某个契机，瞬间像换了个人似的，能力大幅提升。如果说这背后有什么机制，应该就是找到了潜在的能力输出端口吧。不过事实上，这个触发点非常偶然。就像"黑胡子千钧一发"那个游戏一样，只能不断地刺下去，直到刺中为止。它也与个人的兴趣毫无关系，只是可能经历了一些事情后就突然触发了。对这一类型的设计师来说，重要的是始终怀揣着远大理想，即使准备期很漫长，也不要灰心丧气。看得更高，在觉醒时就可以飞得更远，而且还有助于克服这种类型中常有的自暴自弃的弱点。

阶段型的成长模式，则是将上升的阶段一步一步细分，也就是不好高骛远，将注意力集中到脚下的现实中。10 个阶段可以进一步细分为 100 个阶段，这样一段一段啃下来，让自己逐渐定型。这其中最关键的，是给自己更多实实在在的成功体验，即使这种成功微不足道。如此一来，就连"上升到明天的阶段"也可以成为一种前进动力。

我们事务所的年轻设计师倒是很少考虑这些事情。但只是处理着工作的他们，成长速度也依然快得惊人，仿佛敞开着大门任由一样样新技能从中飞出一样。

这场景与我们最近在京都设计的一间店铺非常相似。这家服装店空间有些局促，而且原本就有很多类似门的存在，因此我们考虑加入更多刻意设计的门。

于是，门上不仅有了镜子，还能飞出书架、衣架、陈列台等，客人也可以在这个空间中不断有所发现。不过其中真的有几扇试衣间的门，所以还请不要鲁莽打开……

更多信息：indulgi, www.indulgi.com

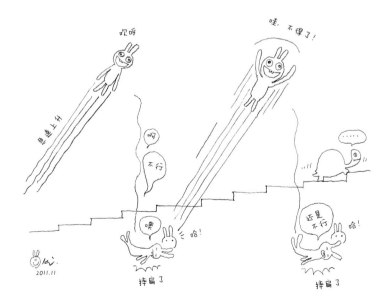

indulgi

粗犷的朋友

一向没朋友的我最近交了个每两个月就会一起吃顿饭的朋友。严格来说，称为"朋友"还有些勉强，应该算是彼此出拳而又打不到对方的那种关系。我们彼此会先用华丽的脚法把对方绊倒，等到双方距离一拉近，就立刻采用搂抱战术，如此反复。眼看着这样下去分不出胜负，裁判只能喊停，判为平局。最终，整个比赛毫无看头。

这里的对手就是日清食品控股公司的董事长安藤先生，即方便面发明者安藤百福的孙子，一位每年试吃 2000 多份拉面也能够淡然处之的猛士。

他体内流着的应该是猪骨汤吧。据说他只是用手指摸一下干燥中的面，就能知道其中的含水率，简直是"简易版赛巴巴[1]"，有着超能力。我对这个传闻的可信度始终抱有怀疑，以至于每次和安藤一起走的时候，都会边走边盯着脚尖，希望能在路边捡到干燥中的面之类的东西。

除了同龄之外，我们俩就没什么共同之处了。不过，虽然没有彼此都认识的朋友，兴趣爱好也不一样，我们却意外地合得来。关于他，要是说多了，可能会引起日清食品股价大暴跌，所以我在这里还是会有所保留。只是老实讲，他的性格确实就像漫画主人公那样，一旦作了决定，就会只顾按自己的想法来做。更要命的是，他所决定的事情还很出乎意料。例如，他才让杰米罗奎尔（Jamiroquai）、邦乔维（Bon Jovi）在广告里唱出"cup noodle~"这样的广告词，前些日子就又在横滨建成了一座壮观的方便面博物馆。一言以蔽之，他根本就是个危险人物，但偏偏那种粗犷感又会让人觉得十分痛快。

在设计领域，也存在粗犷的风格。这种粗犷设计常常受到海外设计师的欢迎，在荷兰和意大利尤其如此。如果把日本特色的设计比作追求品质和细致感的日本职业棒球队，那么粗犷设计就像全力推崇强身健体概念的美国职业棒球大联盟，它非但没被三振出局，反而来了个本垒打。设计师马顿·巴斯（Maarten Baas）在学生时代设计了一款表面被烧

1.印度教上师和精神领袖，信徒认为他有超自然能力。——译者

过的碳化家具，十分奇特，在被商品化之后还成了热卖品。该作品被世界各地的美术馆收藏，年仅20岁的他迅速跻身顶级设计师的行列。如果看细节，那样的作品基本谈不上完整度，充其量就是烧过了而已，而且那种烧的程度，也不过像是放了把火或举办了场烧烤活动。

也就是说，"完成度"和"设计感"之间毫无关联。粗犷设计出于各种各样的目的看起来满是缺口，却也因此留出了诠释的空间，可以基于他人的理解得到延伸。但这并不是说，只要有趣，做得粗糙些也没关系；只是看到某些过度舍弃暧昧元素、追求简单直接的设计时，难免觉得有些可惜。

前面说到方便面博物馆，事实上我们也设计了一些周边商品来配合博物馆的开幕。当时安藤先生只是跟我随口一提，所以我们也很随意地设计了一下（笑）。我们的设计理念是将即用即弃的纸杯视为茶碗般贵重的存在，请工匠给杯身上漆。虽然"一次性容器"和"漆碗"都是日常生活中司空见惯的东西，但当把二者之间唯一的共同之处联系起来之后，竟有了新的价值。只不过，直到真正开始在纸杯上涂漆，我们才发现这比想象中还要困难：杯身上到处都是凹洞，有些地方也涂不均匀。不过，这种粗犷感在均一的量产商品中可是体会不到的，而这也是让人们重视手工作业、珍爱手工制品的关键。

或许，安藤先生的粗犷感之中也带着这样的魅力吧。

照片：IWASAKI Hiroshi

cupnoodle urushi

带动和被带动

我每个月都要去一趟设计之都威尼斯。每次我一定会做的，就是无视观光客径直前往火车站附近的商务酒店，办完入住手续后，去一旁名为"华侨饭店"的中华料理店吃饭。

这家店充满着错位感：黑人男性站在店门口大喊"你——好！"，店里的中国人却会有气无力地对你说一句"buongiorno"（意大利语的"你好"）。这天过去，发现难得有客人在，还以为是店员的亲戚，后来才知道是一对夫妻模样的日本观光客走错了地方而已。店门口的水产箱里没什么新鲜的食材，只有一些无精打采的金鱼和田螺，散发着一种宠物店的臭味，于是我很自觉地跳过了菜单上鱼料理的那一页。本想尝一下招牌菜，或许能有惊喜，然而依旧难吃。一般来说，味觉系统可分为三种模式，要是点菜时没有把握好平衡，就可能陷入总在吃同一类东西的窘境。但菜单完全无法帮助点菜，整个是亚洲食物一箩筐，蔬菜天妇罗[1]可以和麻婆豆腐排在一起，更不要说还有"辣炒鱿鱼花生"这道异常丰富的菜。

通常我在出差前就会把吃饭的地方大概确定下来，包括这家店。而这些地方的共同点就是，什么时候去吃都不好吃。不过，好在这些店里的人看起来很有趣，所以我也能愉快地待在那里。类似地，我也没有多少设计的才能，只是带着一份期待感去做方案。不管什么工作都能乐在其中，这大概就是上天赋予我的唯一才能吧。

不过，设计不是单枪匹马可以完成的事情，它就像团队竞赛，需要多人齐心协力一起前进。如果不能带动周围人一起参与项目，就什么都实现不了。说得极端一些，通常被称为"感觉"的那种东西，顶级设计师和观察力敏锐的学生之间没有太大的差距；真正体现差距的，在于"带动力"。

而再有趣的创意，若是无法实现，也就没什么社会价值可言了。所以，这种带动他人参与的能力尤其关键。方法有很多种，如果是我的话，就常常会把自己觉得有趣的东西讲给那些愿意听的人。然而有时候说完了，也只得到一个人的回应，更糟糕的是，原本就略

1.天妇罗是日式料理中的油炸食品，用面粉、鸡蛋与水和成浆，将新鲜的鱼虾和时令蔬菜裹上浆放入油锅炸成金黄色。

感失落的我还听到了这样的解释："其实我也不知道哪里有趣，不过既然设计师都觉得有趣了，应该是个好想法吧。"哎，看来是彻底没人懂我了。而这，就是我的"带动力"。

春季的头几个月里，我们在台湾办了个展览。那个会场与画廊常见的纯白空间不同，来访者可以在欣赏展品的同时，享受空间自身的乐趣。

我们画了一些手绘图，画面中的内容仿佛是透过鱼眼镜头看到的景象。之后，我们将这些手绘图打印出来，试图装饰整个空间，但由于拼贴得不够仔细，到处都是残留的拼缝。现场有一位毫无热情、酷似主持人渡边正行的大叔，尽管我拜托他重新贴一下，他还是觉得太麻烦而一动不动。

没有办法，我只能买几支油性笔，索性直接在地板和墙壁上画起来。实际上，一开始动手画我就感到相当开心，反应过来的时候，才发觉自己正像威尼斯的那位黑人店员，一副干劲十足的样子。之前还呆呆地望着我的那位"渡边正行"大叔，到了深夜两点过后，也拿起了油性笔。就这样工作到凌晨时，大概有 7 人在帮我一起做，最终赶在第二天开幕前完成了布置。完工后的"渡边正行"像换了个人似的变得神采飞扬，宴会全程都黏在我身边。事后听说，这个大叔好像正单身，却很想结婚，而这件事之后，我就成了他的目标。好吧，虽然成功地把周围人带动了起来，顺利地完成了现场的布置工作，但似乎同时也把麻烦带来了呢。

dancing squares in Taiwan

Nozomi 小姐和 Toube 先生

几年前我在式根岛设计了一座小型住宅。式根岛是伊豆诸岛中一个人口仅 600 左右的小岛，像委托人 Nozomi 小姐这样的一些独身女性，突然开始想移居到那个小岛上生活。

接到委托后的某一天，我前去岛上考察，发现地块正中央已经打好了住宅的地基。这是怎么回事？于是我向 Nozomi 小姐确认情况，没想到得到的回复是"发现的时候就已经完成了"。这又不是脸上的痘痘，难道也会突然冒出来吗？再问原因，答道"是 Toube 先生做的"。这是在讲什么传说故事吧。

"……Toube 是谁？"

"岛上的木匠。"话音刚落，这位传说中的大叔就好像等在一旁似的突然出现了。"我是 Toube。"大叔说着把名片递了过来。但上面并没有写 Toube，而是"山本"。"是山本先生……吧？""不，我是 Toube。"天啊，下一班船什么时候？快让我回去！我已经感觉到不对劲了。

但项目还是如期开始了。按照 Nozomi 小姐的要求，我需要设计一栋简洁的住宅。另外，考虑到岛上没有儿童图书馆，所以还需要有一个孩子们可以自由出入、阅读书籍的房间，除此之外就没什么要求了。不过，图书馆是极其开放的空间，但设计中又必须兼顾独身女性住宅的安全性和隐私性，一开放一封闭的两种空间性质略显矛盾。虽然可以建成独立的两栋，但早已完成的地基又不允许进行这样的变通。

为了解决这一问题，我们决定换个角度，即不是把封闭住宅中的某个房间做成图书室，而是做一个大大的书架，把住宅嵌入其中。图书处在开放的环境之中，岛上的人们都可以随意拿放，整个系统就像乡下无人看管的蔬菜贩卖店一样，反而没什么偷盗事件发生。

为了避免书籍因岛上恶劣的自然条件而受损，我们还加设了玻璃门窗和外侧的护窗板。书架的背板则采用了半透明材料，晚上，室内的灯光可以隐约照到室外；到了白天，又能有效地阻隔外部的视线，图书的投影还形成了光影交错的空间效果。

因为这些书总是在流动，所以每天书架上的布局也都有所不同，就像是建筑在变换着表情。这就是我们的设计理念。

Nozomi 小姐非常喜欢这个设计，但现实中的问题也堆积如山，例如一些岛上没有的材料和机器需要用渡船运来。但由于预算有限，我们不得不减少不必要的成本开支。

于是，我们只能就地取材。此外，我们还得面对另一个事实：那个不知为何自称"Toube"的中年男性是岛上唯一的木匠。这意味着，所有的施工都要充分考虑"他能做什么"，或者进一步说，"他愿意做什么"。在那些日子里，他已然升级为整个项目的绝对"上帝"。就拿书架边缘的设计来说，我就得带着一堆方案、拎上酒去求上几回。但如果他到第二天还醉得不省人事，项目就要暂停一日。还有时候稍不注意，他就会做成"Toube 设计"，然后为了让他改回去，我们又得喝酒。

就在这种反反复复中房子终于建成了。因为使用了岛上的材料和技术，它看起来就像已经存在了几十年，意外地与岛上的景观十分和谐。在建筑周围还不时可以看见阅读者的身影，而从全国各地送来的书也给这座建筑增添了几分色彩。

短短几年后，Nozomi 小姐患了病，早早地离开了人世。之后的维修就全部交给了Toube 先生。也多亏了他，Nozomi 小姐心爱的书籍和住宅还可以继续使用下去。

Nozomi 小姐生前种了些蔬菜和花草，引来了一些昆虫和小鸟，如今它们也共同守护着这座小小住宅，把这里变成了小岛上一处动人的风景。

绘本之家

失败，你好

只要是人，无论是谁都会害怕犯错。不过事务所里不少年轻设计师格外地害怕犯错，这让我感到惊讶。责任感强的人做事常常过分考虑，过分小心，以至于会犯下一些令人难以置信的错误。

反复的动摇会让这种害怕心理愈发膨胀，进入一种典型的空转状态。因为事务所里这样的人有很多，我甚至可以感觉到有巨大的能量在空转，这几乎就是一个代表日本的新锐空转集团，所以我开始思考如何改变这一局面。

如果直接说"不要犯错"，那无疑是行不通的。这就像是拿到一杯神秘的液体，还被告知"很安全，很好喝，不妨试试"，反而叫人害怕。我们的做法是，将错误按照严重程度分为不同的等级，积极地看待错误，接受轻度的错误。这样就会让人觉得，1天犯1次错也是一种义务。这个逻辑听起来有些牵强，但也不失为一种策略。假如人在一生中的犯错次数是固定的，那么不如在年轻的时候多犯一些轻度错误。也就是说，尽早习惯犯错，就会渐渐形成免疫力，继而控制重度错误的发生概率。而通过把犯错这种行为日常化，也可以减少人们的畏惧心理，工作起来更加放松，从而起到积极的作用。简单地说，就是给犯错行为打疫苗。以上是第一阶段。

在慢慢习惯犯错后，就要进入如何管理犯错行为的阶段。看似从不犯错的人，其实是在事前考虑好了最坏的情况，从而抑制了重大错误的发生。

我接触过很多做设计的人。所谓一流设计师，技术能力自然不在话下，而另一个共同之处则在于，他们都很擅长在工作开始前"处理好食材"，做好周边的防护。有时候即便工作内容稍有变动，需要调整相应的食材和防护，也不会有什么舍不得，只是偶尔感慨一句"至于吗"。对这些人来说，就算发生意外，也会立刻专注于思考"如何不让伤口扩大"，从容不迫地应对。可以看到，预防力和应对力是不犯错的两大支柱。

更高一级的阶段就是能够不把错误当作错误。也就是说，把犯错行为归于外界的不可抗因素，通过瞬间的判断，组合出新的方案。所以从第三者的角度来看，所有事情好像仍然在既定的轨道上运行。这就是本事。譬如在画画的时候，一不小心将一旁杯中的水洒了出来，画者并没有去擦干水，而是利用洒出来的水表现出更多魅力。从结果上来说，自己碰倒杯子与风将其吹倒，二者并不存在区别。总之，最重要的是和错误做朋友，随机应变。

我也有过因某些错误而设计出作品的情况。那次是去某家公司的工厂参观学习，对方介绍说公司最引以为豪的是涂绘锈迹或污渍的做旧技术，以及为装饰车内空间而在树脂材料上描画木纹的技术。而那些做到一半被扔掉的失败品，就在工厂的地上滚来滚去。

于是我想到了"椅脚消失的木椅"。椅背和座面都是木质的，椅脚采用透明的亚克力材质。我们利用特殊的涂装工艺，给上半段椅腿画上了与其他部分的木材完全一致的木纹；下半段的椅腿则保持透明，没有任何装饰，某种意义上甚至连形状都不完整——但这也正是设计的高明之处。我之所以能想到这种表现方式，还是多亏了工厂里不认识的工匠做出的失败的半成品。

而我为了打磨出那种在自己的错误之外还能与别人的错误做朋友的设计能力，今天又在连连犯错，当然又被客户骂了……

fadeout-chair

nendo 式全球化

出差的日子没完没了。每月"海外出差一周"的惯例，到去年，已经变成了两周，就是说我每个月有一半的时间在世界各地辗转。出了机场就立刻前往会议目的地，然后再迅速赶往其他城市，中途没有任何观光活动，也完全不知道什么好吃的餐厅或华丽的酒店。印象里去过几次罗马，但记得的只有家具工厂。至于米兰，虽然几乎每个月都会去，但到现在也不知道那幅《最后的晚餐》在哪里。

最极端的，就是半夜 1 点从羽田机场离开，到北京的内装施工现场进行确认，深夜再回到羽田机场，所谓"北京出差一日游"。有时候只是在巴黎或香港待几个小时，几乎没怎么外出，一被问到"巴黎冷吗"，就立刻变成了稀里糊涂的老爷子："啊……怎么样呢……"在飞机降落后，盯着像回转寿司一样在运送带上传输着的行李箱，常常恍惚间就忘了自己到了哪座城市。在国外忘了关上出租车的门，被骂；在日本试着打开出租车的门，又被骂。还有时候，因为分不清是靠左驾驶还是靠右驾驶，差一点就坐到了出租车的驾驶座上。从零下 3 ℃的布拉格到 33 ℃的新加坡，不免担心身体会不会发生异常。就算平安无事回到了日本，距离下一次出差也不过还有两周，以至于觉得东京也是出差的目的地。要是这期间还有一天"东京→京都→冈山→横滨→东京"这样的行程，我恐怕就要尿血了。

我们常年为欧洲 40 多家公司开发工业制品，大概每个月都会在画廊或美术馆发布我们自主设计的作品，同时我们还负责米兰 2 家店铺、香港 2 家店铺和伦敦、巴黎、比利时、伊斯坦布尔、新加坡等地店铺的室内设计工作，另外我们还有差不多数量的日本国内项目……真是残酷而凄惨的生活啊。

有人会觉得没必要做到那个程度，但设计领域总是由欧洲占据着主动地位，我们也不会把那些远离全球竞争、只是差不多就行的事务所视为对手。站在欧洲公司的立场，假如我们与他们本土设计师实力均等，他们就没有理由特地拜托远在地球另一端的我们了。不过伴随着世界经济的变化，也出现了新的动向，许多欧洲企业开始意识到亚洲市场的重要性，所以也很愿意与以亚洲为据点的设计师合作。

与此同时，不少日本企业不愿继续忍受闭塞的国内市场，希望找到一条进军海外的路。像与纽约的代理商合作、在巴黎推进项目，诸如此类的事情也都在发生。

面对跨地域的项目，不仅要具备各种沟通能力，设计表现上也应加入更细腻、更丰富的技术。也就是说，在如今这个时代，再像过去一样仅仅依靠大招，是无法前行的。

我擅长的，不是真的站在台上和对方较量，而是"寺尾大相扑"那种电子竞技游戏。所以对我来说，眼下就是绝好的时机，我们可以用以牙还牙的方式来应对这场超高技巧战。例如，随着跨地域项目的增加，我们也开始逐渐培养当地员工：继米兰之后，前不久我们又在新加坡成立了办公室。

前阵子，我们给西班牙的一家公司设计了地毯，最终的制作则交给了印度的纺织工匠。地毯上的图案是把蝴蝶、蜻蜓的翅膀尽可能放大后的样子，实际看起来却仿佛是透过飞机舷窗俯瞰到的山脉、河流、田地和住宅的样子。

高空看到的地面风景和昆虫翅膀，二者乍看之下毫无相似点，却意外地在细微之处产生了关联。而在我这种容易发生时差混乱的人看来，本地化、全球化等概念，或许在某些地方也是彼此相通的吧。

照片：HAYASHI Masayuki

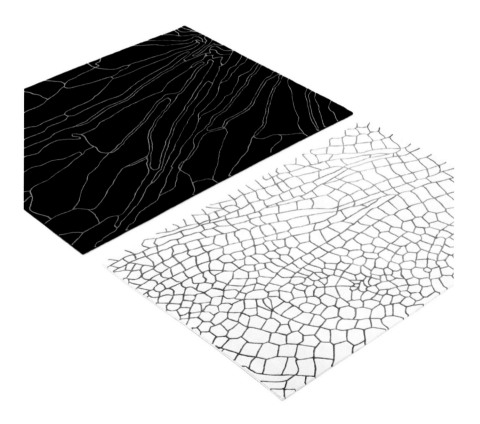

butterfly/dragonfly

撞上好运

低着头走在巴黎的街道上，不是因为什么烦人的事情，也没在想新的创意，只是为了避免踩到突然掉落的狗屎。

光顾着看脚下的我几乎不认路，总是需要助理在前面带路；而出于这个原因，常常是助理前脚敏捷地避开了狗屎，我后脚就踩了上去，根本无法应对这种突如其来的粪便。偶尔成功地避开了，也提前为下一次做好了准备，却因为一些鞋底沾了粪便的人还在走来走去，又踏进了附近的"受灾地区"，简直就是间接受害。只有没经验的人才会在看到被踩过的粪便时笑话别人，他们不知道，说不准明天就会轮到自己。

如今的我已经养成了习惯，每每看见粪便，就会神经兮兮地巡视四周。不仅如此，看着被踩过的粪便，我还能判断出那人是以怎样的速度朝着什么方向前进，又是如何踩在粪便上的。反过来说，如果不能想到这些，我也就没法幸免于难了。

顺便提一下，我喜欢穿轻便的运动鞋，像耐克的 free 系列。不过这类鞋的鞋底凹纹常常又深又复杂，一旦踩到了粪便，就算用牙刷来清理，也很难清理干净。

之前在米兰不幸中招的时候，我就含泪用上了身边仅有的一把几乎没用过的电动牙刷。我不知道这种牙刷刷牙好不好使，反正狗屎是被清理得干干净净了。

说回到巴黎。这一阶段的雨总是下一阵停一阵，天气一直都阴晴不定。我原本希望雨水可以在瞬间把脏东西都冲洗干净，但事实上，雨水导致硬化的表面开始熔解，内部的软物质从中逸出，反而扩大了脏乱范围。所以每下一场雨，就会有大量物质流出；要是雨再下得猛一些，所有地方就会变得异常浑浊，而巴黎整座城市就好像被染上了粪便的颜色一样。

我不禁联想到法国人的色彩观。他们似乎既不像意大利人那样喜欢富有冲击力的鲜亮色彩，也不像北欧人一样喜欢温和的色调，而是倾向于各种颜色混合在一起形成的接近灰色的"暧昧色"。

这与他们的沟通方式如出一辙。他们不会直截了当地告诉你 yes 或 no，而是边挑毛病边说 yes，或是担心你接受不了而委婉地说 no。这种"暧昧的表达方式"十分常见。

总之，比起直截了当的其他欧美国家，法国的做法更接近日本，误解的情况自然也时有发生。但即便如此，法国的顶尖设计师的数量还是有绝对的优势。所以，或许在设计领域，这种暧昧的表达方式将会成为全球趋势。

对了，如果举办"设计奥运会"，法国一定会大获全胜。至于日本嘛……可能会在第四或第五的位次上竞争吧……

闲话到此为止，我们还是来说说这次在巴黎的两场个展。不管怎样，展览总算没遇上什么波折。其中有一个展品，是通过对农业用网加热塑型做成的照明灯。虽然设计中用的只是随处可得的廉价材料，却能表现出比金属丝网更柔软的褶皱，在塑型方面又优于欧根纱那样的材料，看起来仿佛包裹着空气一般，让人觉得不可思议。

整个灯具的外观柔和如包袱，形成的奇妙光影又让人联想到灯笼和竹帘，在给观者带来模糊感的同时，也反映出了日本独特的审美，或者可以说是带有日本风格的"暧昧的表达方式"。

最终，这个设计获得了英国《Wallpaper》杂志颁发的最佳设计奖。虽说还算不上设计界的奥斯卡金像奖，但也和在戛纳电影节上获得金棕榈奖差不多了。

考虑到去年我们面向全球发布的作品并不多，所以这次获奖，也被一致认为是撞上好运了。

farming-net lamp

"不仅如此"的战略

今天事务所里莫名地飘着一股气味，后来才发觉是时不时被带到事务所的狗狗 kinako 的体味。想起附近有一间宠物美容店，我便带着 kinako 过去，想用洗发水之类的给它洗洗。

不过之前一直没注意到，原来那家店的店名是"淘气的吉娃娃"，下面外加一行字"吉娃娃专营店"。但 kinako 是吉娃娃和哈巴狗的杂交品种，不知道对方接不接受。我一边有点担心，一边进了店。瞬时，关在笼子里的贵宾犬们立刻紧张地望向我们。明明大多是老狗，却一点儿霸气也没有。角落里还有 3 只法国斗牛犬，更是发抖着互相依偎在一起。

喂喂，看来我们家的狗才是"淘气"的"吉娃娃"吧。

这时就应该像连载漫画《美味大挑战》里海原雄山那样，用慢悠悠的语调来一句："嗯，相当不错的店啊。"要知道，在这群无精打采的贵宾犬面前，平日里懒洋洋的 kinako 可是变得剽悍了许多。当然，比起后来进店的纯种吉娃娃，我家的狗显然还是有差距的。

"顺便说一下，因为刚好超过 5kg，可能要多收您 1000 日元左右。"店员这么说着。想来也是，最近 kinako 是胖了不少，看起来都像家畜而非宠物了。

瘦下来！ kinako，现在立马给我瘦下几克啊！哪怕就在这里拉便便也好啊！我心中这么喊着。然而事与愿违，我只能付完钱赶快回家。

但说起来，自己到底算不算这家店的服务对象呢？类似的顾客心理也会在很大程度上影响到设计。有些地方乍看觉得门槛很高，但去了一次倒觉得很舒适；反过来有些每天都会去的店，不管过了多久，还是会有紧张感。对空间形态的感受始终是各不相同的。

春山男装的东冈山店开张了。我们为它设计室内空间时，并没有一贯地从目标客户——男性顾客的角度出发，而是考虑了"同伴者"的心理，以解决现有门店的问题之一，即如何延长客人的停留时间。

商品种类一如既往地丰富，使得选衣服的时间大幅增加，再加上反复试穿，购买率自然会随之提高。不过这里有个大问题：随同来店的太太和孩子很可能待不住。而不少男士也会因此而无法悠闲自在地试穿，最终选不定衣服空手而返。

于是我们认为应该扩展角落里小型试衣间的空间面积，再把试衣间移到店铺中间，将试衣间外侧正面作为展示橱窗，背面则是太太和孩子们的休息区。她们可以在那儿坐着喝喝茶、看看电视和杂志，正在试穿的先生也能更认真地挑选衣服。

如果先生犹豫不决，坐在一旁的太太还可以发挥她的决断力协助购买。显然，家庭的关键人物还是太太。另外，考虑到女性常常有许多服装配饰，我们就在试衣间周围随意地摆了些饰品，在"顺便买买"的心理作用下，让太太在等待的时间里也能享受购物的乐趣。总体来看，整个设计不仅延长了客人的逗留时间，而且随处可见的"小机关"也不会让同伴感到无趣。想想看，本以为自己和这家店的目标群体没什么关系，进去一看才发现"被骗了"，怎么会不开心呢？

所以在设计室内空间时，既要能创造出赏心悦目的空间，还要根据来访者的心理和行为，从时间的角度加以思考，最终综合完善整体方案。

从这个意义上来说，虽然那家名为"淘气的吉娃娃"的宠物店写着"吉娃娃专营店"，但却在店里放了一排贵宾犬，这种揽客的做法也是相当厉害呢。

更多信息：HALSUIT, www.halsuit.com

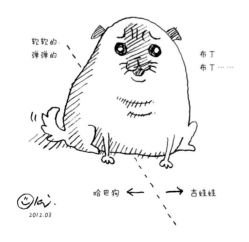

HALSUIT

恐怖的同类相残

我从小就喜欢动物，养过很多不同种类的动物。只是自己的零花钱并不多，要多买几个水缸之类的设备都很困难，所以那些不同种类的生物只能生活在一起。我一度把淡水龙虾和泥鳅放在同一个水缸里养了几周，最后就只剩下了泥鳅的骨头；把螃蟹和热带鱼放一块的时候，才想到热带鱼可能很难自在地游来游去，但是不知什么时候这鱼就不见了——好像是螃蟹把鱼鳍剪了，等到不能游动的鱼沉下来之后，就把它给吃掉了。还发生过乌龟吃了青蛙、蜥蜴吃了蜥蜴等惨剧，总之是反复试错，反复失败。

设计也有类似的讲究。无论是工业产品还是室内空间，可以看到有些只有单一的特性，有些却有两个以上的复合功能。其中需要注意的是后者：要将不同功能组合起来，彼此之间的契合度至关重要。做得好，可以起到一举两得的效果，而稍有差池，彼此之间就有可能互斥互损，导致两败俱伤，而这就是"同类相残"的设计。

几年前我作为文具设计比赛的评审，就见过许多弄巧成拙的设计。

举些例子。一个是带有刻度尺的透明胶，据说设计理念是"量度身边的所有东西"，但难道只有我一个人觉得没有什么必要吗？还有吸油的便笺，虽说免去了同时携带两样东西的麻烦，但用完的吸油纸夹在借出去的书里，等到还回来的时候，原先记在上面的备忘内容也就没影了吧。

还有把护指套的一端做成印章，假如戴着指套翻看合同，会不会一不小心给每一页都按上了印章？

还有一个相当令人意外的组合，"钢笔＋挖耳勺"，竟然有人想用钢笔来掏耳屎，或是想用挖耳勺来写字，这种设计简直就是"同类相残"的典型案例啊。

去年，我们给葡萄牙的一家软木制造企业设计了一款果盘。对方希望在产品中体现软木的特性，所以我们设计了能够一分为二的果盘。而通过隐藏的磁铁，果盘两个独立的部分可以重新合二为一，可谓是一个果盘、两种形式。

这种设计的好处在于，不仅可以装水果，还能根据水果的种类和数量来改变果盘的形状。在收纳时，分开两半上下叠放也完全不占地方。

软木的特性也在设计中得到了充分的体现。轻质的软木可以用小小的磁铁牢牢固定，材料的颗粒感又能巧妙掩饰嵌入磁铁的痕迹和两部分之间的拼缝。

实际制作时，由于基本元素只是半个果盘，小型模具便已足够，初期成本便能因此得到控制，这一点尤其让客户满意。虽然外观还是一贯的朴素，不过已经可以说是"一举三得的设计"了。

据说把蚯蚓切成两段，就会变成两条，交配之后还会变成大家族……听起来好像差不多嘛。只是不知道这在现实中会不会发生……

现在想起来，以前养各种各样的宠物时，还养了些作为宠物饲料的红蚯蚓和蟋蟀。宠物们同类相残，这些饲料倒是能不断繁衍生长。真是一条崩坏的食物链，都开始以下克上了。

到最后，小学低年级的妹妹甚至写了一篇名为"哥哥在努力地养蚯蚓和蟑螂"的作文，还发表了出来，尽管我没有养蟑螂……但在那个时候，正上中学的我好像也确实忘了原本想养的是什么了，面对这种状况只能束手无策，一边叹气，一边继续给这些"饲料"们喂饲料了。

parte

品牌的"圣域"

与欧洲企业共事的时候，常常很感慨他们品牌推广的能力。日本的制造业向来认定"只要做得好的东西就一定能卖出去"，总觉得"品牌推广"带有欺骗性质。但殊不知，正是这种"品牌推广"，已经成为全球战略的核心。

一些人尽皆知的高端品牌，不管推出什么产品，都会将其与历史背景、生产技术联系起来，从而创造出自成一体的世界观，最终制造出一种购买需求。这种思考方式就是品牌推广的基础。

这或许就是一种最大限度表现个人魅力的沟通手段，和销售员的正式着装、写真偶像的性感姿势一样。与那些不主张在这种"看不到的东西"上花费大量金钱的日本企业不同，欧洲品牌企业往往会为此斥巨资，就算资金不充足，也会花上相当多的时间来做推广。

简言之，几乎所有顶尖品牌都会在品牌推广上投入金钱或时间。但其实作为普通消费者，通常分不清这些品牌的产品和其他公司产品之间有什么区别。只是因为品牌高端，就认为该品牌的所有产品对所有人来说都是高端的，这样的想法恐怕有所偏差。

比较准确的理解是，通过宣传，品牌企业可以更好地控制产品品质。但这样到最后，往往会觉得性能无须做得过高。那么，品牌企业是做不出有趣的产品吗？当然不是，只要在品牌构建的世界观范围内，产品就会带有明显的品牌特征；此时如果舍弃一部分功能，就可以做出有魅力的产品，形成别人无法踏足的"圣域"。苹果公司就是个很好的例子。舍弃液晶屏的iPod，摇身一变为全新的iPod shuffle，而这种产品只有在苹果的品牌"圣域"之中才会出现。

比起短期销售，品牌企业会优先考虑如何维持自身的品牌效应。因此在保证轴承不打滑的基础上，定期加入新的元素，完成产品的"新陈代谢"，也是设计师不可或缺的能力。许多品牌也会把优秀的设计师放在创意总监的位置上，使其站在最接近经营者的立场上参与决策过程。同时，品牌还应与时俱进，学习其他风格品牌之所长，不断给自身注入新的活力和变化。如果相关的设计师很有名，那么这个设计师也可以被视为一种品牌。

出于这些原因，知名品牌常常希望与知名设计师合作；同时设计师为了提升自己的品牌效应，也会寻找顶尖品牌，获得设计"圣域"产品的机会。也就是说，作为设计师，也应当重视维持自己的品牌效应。建筑师创造一个作品需要耗费数年，若要实现自身的"名牌化"，则要投入更长的时间；而对于平面设计师来说，大多数项目都在短时间内完成，维持项目的循环也相当不易。

尽管不知道什么才是正确的做法，但今后，或许会有越来越多的日本经营者和设计师从品牌推广的视角来思考问题，做出更多有意思的产品吧。

在米兰家具展上，作为新加坡全新家具品牌"K%"的创意总监，我负责设计了整套产品。我们发布的 13 款全黑家具产品，且不说颜色和材料，单在结构平衡上就十分令人瞩目。而这些简洁的家具，也充分利用了亚洲各国缓缓发力的工厂技术。

对于这个品牌今后的成长表现，我也万分期待。

照片：IWASAKI Hiroshi

melt

从全世界的卫生间说起

我探访过许多城市，当然也用过各式各样的卫生间。

在英国的车站、机场，经常会看到戴森的风干机，出风力度相当惊人，只是稍稍有些用力过猛，以至于眼镜上都会沾满溅起的水滴。意大利的机场里多是 Magnum 公司的产品，声音很大，却只能给手上的水珠升点温。大多数人还是用厕纸擦手，于是那些拼命撕掉粘在手上的纸的身影就成了一道风景线。不过半年前 Magnum 发布了一个功率更高的新品，个人很期待 Magnum 能够成为与戴森（Dyson）相抗衡的最有力竞争者。

再把目光投向便器。在北欧，无论是坐便器还是小便器都高得令人吃惊。我自己身高 188 cm，在海外也算是高个子了，但坐在坐便器上还是可以双脚悬空，使用小便器也得踮着脚尖。因为踮起脚之后总是摇摇晃晃，站不稳，导致整个使用环境的危险系数都快接近电车了。说个秘密，有一次我还在卫生间里来了个急刹车，至于当时的惨状，想想那种回旋喷水的庭院草坪洒水器，就能明白了。

此外，在英国的百货商场、中国的酒店，卫生间里还会有一些工作人员，这让我很不习惯。一想到正在被"卫生间的巡逻员"监视着，就不能正常如厕了。每次用过便器，他们都会迅速进行清扫，这本身没什么问题，只是间隔时间也太短了。"鸡生蛋还是蛋生鸡"的两难问题在卫生间这个小宇宙里又一次爆发：到底是为了让人使用而清扫，还是为了清扫而使用？

而能够衡量卫生间档次的，大概就是厕所用纸（以下简称厕纸）的质量了吧。飞机才落地，似乎就可以从机场的厕纸中看穿这个国家的经济水平。还有那种真的可以看穿的薄厕纸，使用起来就像在用手指直接擦拭。不对，稍有失误，这就从感觉变成现实了，实在叫人提心吊胆。在捷克和德国，厕纸太过粗糙，甚至让人错以为是草纸，与其说是用来"擦"，倒不如说是"削"，果然是日耳曼民族啊（？）。记忆中在使用厕纸时感到不安的，还有在客户特别招待住宿的一间巴黎最高档的酒店中，厕纸的那种柔软度和厚度，与毛巾无异。这种种厕纸之中，始终能够保证厚度和质感间的均衡的日本，果然是厉害的"卫生间发达国家"。

那么，日本在设计上，也算是发达国家吗?

答案是肯定的。不过，这是此前支撑经济高速发展的国内大型企业的功劳，目前只不过是在吃老本。在今天日本国内经济持续低迷而亚洲其他各国发展显著的情况下，仅仅依靠日本国内企业的力量来维持日本的设计水准，已经变得不现实了。

望向海外，除了公司，教育机构、美术馆、媒体、行政等方面都在支持设计领域，这样的例子数不胜数。在荷兰，美术馆有机制会定期购买年轻设计师和学生的作品；在丹麦，法律规定，公共建筑预算总额的 2% 以上要用于艺术和设计。这些都可以确保创作者有一定的发挥空间。

在巴黎和新加坡，根据制度，政府需要提供一半的活动资金作为补助。在意大利，传媒界会定期合作举办创星的活动，即创造"明星系统"，这也是从时尚界衍生而来的战略之一。因为媒体的声音常常强而有力，现在一些活跃的设计师、策展人、教授属于某个编辑部的情况也不罕见。

国家的扶持制度日趋完善，难怪年轻而优秀的设计人才辈出。在说完卫生间之后说什么"辈出"（日语谐音"排出"），真是……

最近，我们利用水的离心力设计了一款空气净化器。当然，在对付卫生间的恶臭上，这款产品的效果也是相当显著的。

更多信息：arobö, www.aroboshop.com

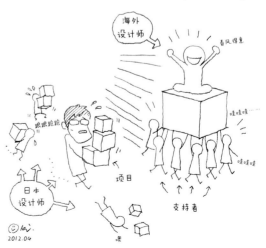

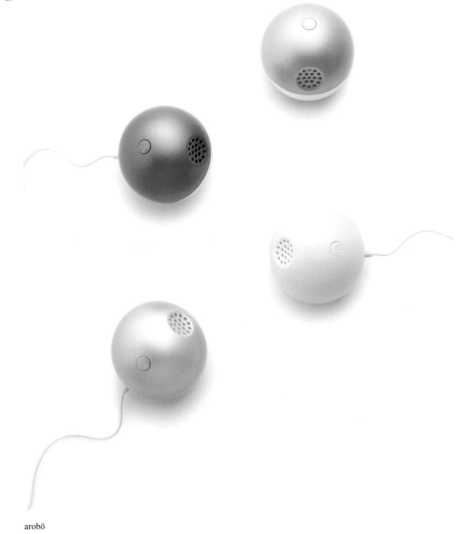

arobö

看，不看，忘掉

人们很自然地认为，设计师主要的工作就是"制作"，但事实上，更多的是"看"。

突然收到某个产品并被问觉得怎么样、陪同一起考察店铺的选址，都是再平常不过的了。有时候说是想创意，其实大部分时间花在了考察商品相关情况和市场反应上。

之所以都在"看"，是因为解决方法必然就在眼前。只要看到这些东西，就可以形成设计方案。

通常可以把发现的方法分成两种，其中之一是"不看"。有时候所要寻找的事物，并没有出现在"应该在"的地方，而是在一些意料之外的场所之中。这个时候，"应该在这里"的意识会干扰我，这一点项目相关的所有人都很清楚。此外，一旦过分重视局部元素，如成本削减、与竞争商品之间的差别化等，就容易忽视商品本身的魅力。为了防止出现这样的问题，有必要尽可能将注意力从观察对象延伸到周边元素、背后隐藏的信息等。

第二种发现的方法，就是像无数遍重复第一印象那样，经常将大脑"清空还原"。人们总说第一印象很重要，而同样重要的是，客户把商品递过来的瞬间自己到底觉得怎么样、哪一部分格外引起自己的重视——商品的本质常常隐藏在其中。随着项目的推进，经验值的不断上升，不知不觉会出现越来越多想当然的事情，像"什么都不懂的人的初次印象"这种宝贵信息也会因此而被忽略，继而造成设计中的大失误。因此，我会频繁地对自己记得的东西进行清空还原。毕竟对记性不好的我来说，忘事的本事还是很厉害的。在确认室内施工现场时，只是盯着看就容易习惯当下的状况，所以我会不停地走来走去，不让自己产生某种固定的印象。有时候还会同时用相机拍照记录，事后再做确认，毕竟平面场景也会给自己带来全新的第一印象。

像这样反复操作之后，慢慢地就能想象出不同人的第一印象及其之后的行为。就像在黑漆漆的屋子里，必然会注意到突然亮起的一点光，总能在某种程度上进行预测。当这些预测值被组合起来，就可以编造出一种逻辑，最后在此基础上完成空间设计。前日本足球代表中田英寿也曾经说过类似的话。他坦言，在参加比赛的时候，在球场上"要像鸟一样从高空俯瞰整个球场"，这样就能看到背后选手的位置等各种信息。跑动的时候还要不断留意四周，像雷达那样向大脑输入周边情况。通过增加扫描的频率，持续更新大脑中的信息，之后再根据经验来补充不充分的数据，做到眼中无球、心中有球。这种技巧再进一步，便是预测到下一个传球的是谁、要去哪个方向，或是让别人往自己希望他去的地方移动。不过，如果真是从鸟的角度来看，那么巴西足球运动员艾仙度•沙杜尼（Alcindo Sartori）的头和法国足球运动员齐达内的也没什么差别吧。

之前，我们接到了哈根达斯生产企业的委托，希望通过设计表现出香草冰淇淋的魅力。于是我们设计了一款芳香烛台，其中用陶瓷再现了冰淇淋杯的形状，将一部分边缘做成了冰淇淋融化后的形态，当然还是能看出冰淇淋的样子。看到这个芳香烛台，仿佛就能想象到冰淇淋在口中融化后弥漫着的香草香气。而在中间慢慢融化的芳香蜡烛，也会让人联想到冰淇淋本身。就这样，通过味觉、视觉和嗅觉，充分展现出了香草冰淇淋的魅力。

当然，这也源于两个新发现，即发现自己喜欢香草的香气、发现融化的冰淇淋比较好吃，因此才有了这个设计。

更多信息：Haagen-Dazs Japan 股份有限公司，www.haagen-dazs.co.jp

Haagen-Dazs aroma cup

沟通方式的进化和退化

我很少和人对话，虽然以前就有这种倾向，但最近变得尤其严重。工作会议和采访另当别论，但和别人随意聊聊的机会确实一天天在减少。因为很少和人说话，所以在咖啡馆或理发店听到别人聊天，总觉得是在梦中。这种行为基本上处在变态与非变态的边缘了。

而这种行为的升级，还体现在对突然收到的骚扰短信的反应上。尽管一开始还为此烦闷，但现在已经完全乐在其中了，仿佛和对方成了信息往来的好友。有时候，在查看一堆业务短信时，突然来了一条这样的信息，心情一下子就放松了。同时，产生了超强的亲近感，以至于自己都会觉得，不在备注里加个"love"或者"kiss"都不行。即便此时身在海外，接收短信还要被扣掉高价的漫游费，我也毫不介意。除了一些类似"今天我可是会表现出从来没有过的放肆呢"的过激内容，还会收到"我是最近刚来的 21 岁的牙科护士"，这时难免会好奇"来到哪里"。还有像是："保姆 / 结香 /26 岁 / 可以的话请和我从做朋友开始吧。只是最近工作繁忙，不能那么频繁地见面……但我会非常努力的！"看到这样的短信，想到比有着严重黑眼圈的自己还要忙的保姆，不禁产生了好感。当一些短信像口香糖一样被嚼到没什么味道的时候，我就会把它们删了。哦，不对，好像最近都不会删除自己喜欢的那些短信。如今还会想着"最近好像都收不到骚扰短信[1]了"，果然印证了自己与人之间的对话正越来越少的现状。

不过，项目沟通的内容量和速度倒是在与日俱增，而且这些沟通往往还能给设计活动带来创新。事务所内通常同时活跃着 30 名设计师，我和他们或客户的对话，基本就通过 FaceTime、Skype 通话软件和最近引入的电视会议系统等来完成，意思的传达可以保持很高的频率和精准度。设计师把邮件发送到我的 iPad 上之后，我可以用 iRhino 这一手机软件一点点地转换成 3D 数据，确认形状，在必要的地方导出图像，用"UPAD"或"iAnnotate"等手机软件直接在图像上画出草图，再发回去。

1.此类骚扰信息实为不良信息，作者因真实空间沟通不畅，将虚拟空间的骚扰从正面加以利用，实际对此行为持否定态度。——译者注

另一方面，事务所里有 50 台电脑全部开足马力，尽可能高速地处理 3D 数据，打印机也有 5 种，单是 3D 打印机就分成纸叠层、光固化、切割加工三种塑型机，我们可以同时利用它们，高速制作出想象中的模型。

此外，通过 FedEx 快递公司，我们可以将任何东西在一天内送往世界各大城市，所以自己只要前往目的地，做个展示演讲即可。有了这样的工作流程，我们一众设计师就能同时处理几年前绝对无法想象的项目量。同样，那些现代艺术界的顶尖人物，不论是把鲨鱼切成两半的赫斯特（Damien Hirst），还是制作巨大金属气球的昆斯（Jeff Koons），都拥有 120 人以上的制作团队。那种只有闷在工坊里默默创作的小团队才能做出好作品的说法，早就是过去时了。

同样已经成为过去的，还有所谓"项目数量过多会导致质量下降"这种数量和质量成反比的情况。要知道，现在是需要保质又保量的二层结构世界了。在能够持续大量生产的土地上，加入一些"知道怎么做"的养分，就可以开出高质量的设计之花。在这层意义上，如今的设计制作已经迎来了一个重要的转型期。

我们参与设计了一间名为 Camper 的鞋子品牌店。我们已在对方位于西班牙马略卡岛的公司总部做了设计说明，大阪分店也已开业。伊斯坦布尔分店和巴黎分店也都陆续开张。如同这个店的设计一样，该品牌商在世界各地自由地发展，以飞快的速度将设计变为现实，这俨然是未来时代的产品制造模式。

更多信息：Camper, www.camper.com

Camper Osaka

害怕"双冠王"的人

我从事设计到现在刚好满十年。从学校毕业后，在老家车库摆上电脑，为了给朋友设计活动传单而废寝忘食的情形，还记忆犹新。那时候，每次肚子饿了，就会去附近的拉面店或大户屋[1]解决。对了，前些日子去大户屋，发现店里贴了一张海报，上面写着大大的几个字：换妈妈了！这内容太有冲击力了，不知道的还以为是多么复杂的家庭故事。仔细一看，原来是更新了固定菜单中的"鸡妈妈煮食套餐"。

在这十年间，我也见到了许许多多不可思议的人。例如一个大叔就曾对我说："有什么困惑的话，任何时候，任何事情，都可以来跟我聊聊。"嗯？跟我聊？这是在撒娇吗？在海外的宴会上，某个日本男子突然对一名女性说："How's your baby?"（您肚子里的孩子怎么样？）边说还边摸了下对方的肚子。而这名女子回了一句："I'm just fat."（我只是胖了。）眼看冲突就要爆发，那个男子只能赶紧想办法消除对方的火气。这样的事情太多了。

这十年做下来，当然也有痛苦的时候。自己不知为何就背着随意设计出来的家具去世界各地的交易市场，现在想起来都觉得很招人厌；无数次前去讨论方案，吃了闭门羹不说，还要被对方训斥；一起工作的友人患了癌症，匆匆离开了人世；公司也有两三次面临倒闭。虽然尽是这种不堪回首的往事，但能走到现在，心中满是感激。

2012 年继英国《Wallpaper》杂志给我颁发了最佳设计师奖之后，在 25 个国家发行的《ELLE DECO》杂志的主编也将我评为最佳设计师。要是用电影来比较的话，相当于同时获得了戛纳电影节和奥斯卡的最高奖项，即"双冠王"。

然而，大概是自己向来小心谨慎，拿到奖项的我，却莫名有一种更大的危机感。毕竟比起之前获得这些奖的设计师，我明显不如他们。通常，顶尖设计师都有某个代表作，有自己的"型"，正是这种"型"成就了他们独一无二的设计风格。但我一项都不沾却能获奖，或许是在别的某个方面有什么重要意义吧。反过来说，我可能是历史上第一位仅凭借日复一日的努力而获奖的设计师吧。

---

1. 大户屋，一种连锁家庭式餐厅，提供廉价快餐。——译者

这种"型"，不同于表面上的手法或风格，而是设计师解决问题的独特方式。或许正确答案只有一个，但得到这个答案的方法可以是多种多样的。若非如此，世界上只需要一位设计师就够了。

举个例子，为了达到"减少杯中水量"的目的，可以把杯子倒过来，可以打破杯子，也可以倾斜放置杯子的桌子。或者更复杂些，在无重力的情况下让水珠浮在空中离开杯子，或通过加热让水蒸发等。这个思考的过程是美好而充满乐趣的，从中也能展现出设计师的个性，即"型"。当然也有极其罕见的例外，如意大利鬼才设计师盖特诺·佩斯（Gaetano Pesce, 1939—）。曾有一次，他在给美国一家广告代理店做室内设计时，在地上画了一个巨大的红色箭头。当客户问起这个箭头的设计理念的时候，他竟一脸得意地说："这个箭头指向培养了我的威尼斯。"

啊？！客户与威尼斯并无瓜葛，必然会感到不快吧。但这种鬼才的设计就是如此任性，丝毫不考虑问题的解决，所以如果你要委托他做什么工作，可千万要小心一些。（笑）

最近我们设计了一间小鸟屋。与其说是小鸟屋，不如说是鸟的集合住宅。里面除了鸟屋，还有一间可以住人的房间，可以在其中观察小鸟。许许多多的鸟儿和人生活在同一屋檐下，共度光阴，感觉很不错呢。不过，通往人和鸟类的新关系的道路应该也不止这一种吧。

更多信息：安藤百福纪念 自然体验活动指导者培养中心，www.momofukucenter.jp

2002 年 ⟶ 2012 年

2012.06

bird-apartment

新博尔的奇迹

这应该是有压力的一种表现吧。虽然身体不能承受，但总想吃一些辛辣的东西或垃圾食品。

前些日子，我留意到一款写着"DETOX"的、包装有些花哨的红茶。按照说明，它有类似解毒、清肠的作用，总之在我看来就是有利于通便。近来我身体有些不舒服，以至于怀疑自己身体中到底有没有消化酶，但即便如此，我还是想尝试用超硬的硬水"Contrex"来泡这种红茶，简直是自残。

按捺不住跃跃欲试的心情，我还是往喜欢的马克杯里放进了"DETOX"红茶包。只是"Contrex"刚刚沸腾，我就被一股猛烈的便意驱使冲入卫生间。故事就此告终。

我们从事这种职业，总是想象着各种各样的东西，虽然负面地来看，这种想象也运用得"过分"了些，但如果没有如此强烈的好奇心，就不可能做出有趣的设计。

最近一年，我基本上每个月都要去一趟捷克，设计各种各样的东西，不过这些设计完全是在好奇心驱使下开展的。从布拉格机场驱车两小时到新博尔（Nový Bor），在那里可以看到多才多艺的吹玻璃工匠，真不愧为波西米亚玻璃的大本营。看到坐在工坊一角吹着玻璃的工匠的身影，我的好奇心不禁泛滥。

普通的玻璃制作，是由工匠将玻璃吹入模具中，最终定型完成。我有些好奇，如果让两位工匠同时向一个模具中吹玻璃，会怎么样呢？听到提议的工匠们惊讶地笑了，但一尝试才发现，原来膨胀的玻璃会互相推开，工匠们的脸上露出了深受触动的表情。因为模具底面是平的，在这种情况下无法把玻璃从中拔出，所以只能将其倒过来放在桌上。虽说完全是"走一步看一步"在设计，但基于一种全新的视角，工匠们也发现了此前不曾体会到的玻璃的魅力。

就这样，我们尝试2人、3人、4人……最终达到8人同时吹玻璃，做出了一把长约1.4m的长椅。

做是做好了，但到底别人怎么看呢？于是我们决定把作品放在巴黎的画廊展览。没想到，开幕前一天就已经卖到了 200 万日元以上。我对此非常不解，但比起工匠，工坊的经营者从这一连串事情中似乎受到了更大的冲击，导致这个"走一步看一步"的项目被不断加速。他们或许想着，不如再与这种脑袋里满是奇怪想法的东洋人合作一下吧。于是之后就有了各种奇思妙想，例如："熔化的玻璃会溢出来，不如再做个玻璃的贮水器吧？""吹完玻璃不要把吹气的金属管取出，就这样使其成为玻璃作品的一部分，怎么样？"

虽然每次提出这种建议都会被笑，但有赖于工匠的高超技艺，一个个有趣的作品不断诞生。由于工匠总是在吹（这是当然），因此我提出要求，在吹到一半的时候停下来改用吸的方式。这样一来，玻璃表面的膨胀渐渐停止，出现了类似酸梅表皮的褶皱。我尝试着往里面塞入电灯泡，竟产生了一种特别美的阴影，于是我们就把它做成了吊灯。这些作品都在米兰家具展上做了发布，在被媒体大肆报道的同时，我们也接到了来自全世界的大量订单，工坊那边已经乐得合不拢嘴了。

捷克人和德国人一样，常常给人一种严肃谨慎的印象，但意外的是，一旦点燃他们的热情，就立刻变成了拉美风。接下来还有 8 月威尼斯双年展，我又要开始为新作品四处奔走了。

前些日子去了一趟工坊，发现工匠们似乎统一换上了肥肥大大的 T 恤。看来如今的新博尔，已经在"走一步看一步"的特急需求中沸腾了。

图片：IWASAKI Hiroshi (innerblow bench) / KAWABE Yoneo (inhale lamp)

innerblow bench/inhale lamp

156

"一点点不可思议"的设计

接受海外媒体采访时，常常会听到这样的一些问题：最尊敬的创作者是谁？少年时代什么对你影响最深？每次都觉得回答起来有些困难。要说我实际上特别喜爱漫画家藤子·F·不二雄，深受动画片《哆啦A梦》的影响，可这样的答案要向外国人解释，就实在是太麻烦了。

但要是回答说没什么特别的对象，似乎又会给人留下"我就是无人可比的超级我行我素的人"这种不可一世的印象。所以每次都会说一个之前想好的合适的名字。

因为在加拿大出生，长到10岁，几乎没什么娱乐，如果说有，也就是把《哆啦A梦》全集翻来覆去地看，所以，当我在东京开始新生活的时候，就好像飞入哆啦A梦的世界一样，到处都是新鲜事物。家中就和野比大雄的房间一样，有壁橱，有学习机；走到外面，还有院墙和空地，自己日日夜夜幻想中的世界仿佛就在眼前成了现实。从没有过这么让人开心的事。我可以一整天都高兴地望着院墙，虽然可能会被人误认为是个行为举止很危险的小学生。而从那时候开始，我就会自然而然地想从平淡日常生活中发现一些乐趣。这倒是与如今的工作有些联系。

直到今天，《哆啦A梦》还在影响着我的创作活动，而且不止一点点。在我看来，从哆啦A梦口袋中变出来的秘密道具，就具有很大的设计价值。其中最重要的，就是这个道具一定要以解决问题为目标。虽然到最后没能解决问题的情况也很多，但至少尝试去解决了，而这正是灵活设计的大前提。再往深了看，可以发现这些简洁道具的外观和功能之间有着十分明确的关联，形式上也简单易懂，所以虽然没有使用说明书，但就算是没什么出息的野比大雄也可以立马上手。

工业设计常常容易陷入过分炫耀先进技术和功能的怪圈，相比之下，哆啦A梦的秘密道具却有着亲切友好的交互界面。值得一提的是，这些道具产品都是"不完美的"。但正是有了这种缺陷，剧情才有了发展。一个产品的登场，可以改变社会或人际关系，也就是从"物"引申出"事"。这恰恰就是设计的本质。

最近，我们给丹麦名为"noon"的品牌设计了5款限量款手表的表盘和指针。设定的目标是，即便没有摸到实物，没有使用绚丽的色彩，只是通过一点点设计，也可以创造出某个时刻，让人享受时间的流逝。

其中，有每到特定时间分散的数字就会组合在一起变得清晰可读的手表；有内部带有齿轮和看似计时表的指针的手表；有时针和分针均为点线形式、在二者重合的瞬间仿佛只有一根线的手表；还有当小小的时针在12个小小的表盘上方通过时就会显示时间的手表。每一款都包含着一个小故事。

最近还想到一件不得了的事情：或许自己只是因为想要变成哆啦A梦，才成为一名设计师。譬如，想给身边遇到困难的人提供帮助，借此机会让这个社会渐渐朝着好的方向转变。哆啦A梦的世界是SF的世界，但是对藤子·F·不二雄来说，并不是Science Fiction（科幻小说），而是Sukoshi Fushigi（一点点不可思议）。为此，他将故事中的世界设定为平凡的、看得见摸得着的日常生活，并创造出了有血有肉的人物。"看一件事，不仅要从正面来看，还要从里面看、从侧面看"，通过这种做法，"一旦发现了新的视角，就会令人大吃一惊"。而且，这种行为只是源于一种纯粹的"喜欢"。这正是我希望实现的设计，而不是像海外的设计师那样，把东西做得"相当不可思议"。我想，今后我会继续朝着那种"一点点不可思议"的设计方向而努力。

更多信息：noon, www.noonwatch.jp

照片：IWASAKI Hiroshi

dark noon

后　记

小至日本，大至全世界，到处都在发生巨大的变化。伴随着亚洲各国的发展壮大、日元的走高、欧洲经济的倒退，从第二次世界大战后到今天一直指引着日本的"制造精神"，在近几年，迎来了重大的转折。企业开始不听取用户的声音，只是根据批发商和零售店的情况来开发商品；或是瞥一眼竞争公司，把自家产品的定价上调，过不久再以促销的噱头降价大卖。

"制造精神"就像这样，正在不断远离本质。如此一来，面对在全球铺开业务的海外企业，日本企业将会很难与之抗衡。受此影响，拥有较高技术能力的中小型承包商会一个个倒闭，地方的地区特色经济出现急剧衰退也将成为必然。

这和柔道是一样的道理。柔道从日本的一项"武道"变成国际性运动，而日本却无法在这项运动上赢得胜利。一边说着那些不好好正面交手、借力打力、凭借优势胜出的行为不够堂堂正正，说什么日本柔道最重要的就是干净利落的一胜，另一边，自己却早已不是常胜国了。

规则在变化。如果不能拥有改变规则的力量，那么就必须尽快找到应对新规则的招数。

设计师也是如此。在经济迅猛发展的大好形势下，曾受万众瞩目、以一副高高在上的样子画着草图的设计师，到了今天也没什么变化。然而，今后的设计师，必须大汗淋漓、满身是泥地展开工作，与客户共同经历苦与乐。设计师不仅要与商品开发部和营销部保持密切的联系，学会用简洁的数字来展示成果，还要站在日本制造的最前端，作为先驱部队的队长，承担起打开海外市场的责任。

本书的写作，就是源于我切身体会到了这一巨大的变化。所有这些博客风格的文章，是在两年内陆陆续续完成的。如果每隔一周就写上 1600 字，对毫无经验的写作者而言会相当辛苦；因此事实是，我的这些文字，基本上是在日日夜夜的奔走中，在飞机上，在酒店里，在开会的间歇，见缝插针写完的。最终，这些与日本制造精神相关的重要内容，就与一些日常琐事随意地混在了一起，甚至都未能加以整理。

虽然有些遗憾，但还是要说，这绝对不是一本伟大的设计理论或商业策略书。若是读者能够在粗略地翻阅后，在脑海中清晰地浮现出日本如今的不足、目前日本制造的必备要素、对设计师的要求，那就是我的幸运了。

最后，能够有这样难得的机会出版本书，还要感谢默默提供了大量帮助的《DIME》杂志编辑部部长水野麻纪子和负责编辑本书的宇都宫纪子，真心非常感谢。我也为自己所添的众多麻烦而深感抱歉。

此外，参与本书装订设计的是祖父江慎[1]。这是最棒的设计，感谢。

佐藤大

2012 年夏

---

1. 祖父江慎在日本装帧领域非常知名，参与各种人文书籍、小说、漫画等的装帧设计。——译者

译后记

翻译完这本书后，我去了一趟日本。当时银座的 Creation G8 画廊正在举办 nendo 的展览，主题是"纸的形态"。然而展览并没有使用任何真实的纸张：几根如纸缘般的线条和恰到好处的照明，配上纯白的背景，形态各异的纸就跃然眼前。这些"纸"或被掀起一角，或被从中撕开，整个设计亲切而有趣——与佐藤先生的文字如出一辙。

事实上，佐藤先生的书写得非常接地气，叠词、语气词穿插其中，字里行间充满着生活气息。我也自觉这译文并不完美，尚有进一步精雕细琢的空间，但好在有妙趣横生的手绘插图，让读者感受到他独特的设计思考方式。

佐藤先生和他的 nendo 团队创作的作品常常简洁明了，又让人耳目一新；不过他也在书中告诉我们，整个过程并没有那么简单，它可能需要对信息的捕捉，必要时还需要应对预算和时间有限的情况，偶尔还伴随着设计师自己的坏肠胃，甚至冒着被当成意图不轨者的风险寻找灵感……更重要的是，从设计到成品，绝不会仅靠一人之力。

这与翻译也有相似之处。尽管最终的译者署名只有一个人，但在整本书的翻译过程中，本人承蒙多方照顾和协助。在这里请允许我提及他们的名字以表谢意：丁怡、张勤、盛卫新、许建春、马晓丽、黄海宏、陈思源等，恕不尽表。另外，也要特别感谢铃木一郎的帅气，慰藉了一度被满纸棒球术语击溃的自己。

最后，谢谢为本书耗费心力的所有人，也谢谢读者的阅读与对瑕疵的包容，欢迎批评指正。

盛洋

2017 年 1 月 4 日